图书在版编目(CIP)数据

2019中国园林古建筑精品工程项目集 / 《筑苑》理
事会编. —— 北京：中国建材工业出版社，2019.11
ISBN 978-7-5160-2699-1

Ⅰ．①2⋯ Ⅱ．①筑⋯ Ⅲ．①古典园林－园林建筑－
案例－汇编－中国 Ⅳ．①TU986.4

中国版本图书馆CIP数据核字(2019)第222381号

内 容 简 介

本书由31个中国园林古建筑精品工程项目案例组成。书中对每个精品工程的工程概
况、工程理念、工程的重点及难点，以及新技术、新材料、新工艺的应用等做了详细阐述，
客观介绍了目前我国园林古建筑领域在设计理念、施工技术以及创新做法等方面的先进
经验，对业界同行具有很好的示范意义和参考价值。

本书可作为园林工程、古建筑工程领域政府部门、企事业单位的管理人员、设计人员、
施工人员、技术人员等的参考书，也可以作为本科和高职院校园林古建类专业师生的教
学参考资料。

2019中国园林古建筑精品工程项目集

2019Zhongguo Yuanlin Gujianzhu Jingpin Gongcheng Xiangmuji

《筑苑》理事会 编

出版发行：中国建材工业出版社
地　　址：北京市海淀区三里河路1号
邮　　编：100044
经　　销：全国各地新华书店
印　　刷：北京天恒嘉业印刷有限公司
开　　本：889mm×1194mm　1/16
印　　张：13
字　　数：240千字
版　　次：2019年11月第1版
印　　次：2019年11月第1次
定　　价：200.00元

本社网址：www.jccbs.com，微信公众号：zgjcgycbs
请选用正版图书，采购、销售盗版图书属违法行为

版权专有，盗版必究。本社法律顾问：北京天驰君泰律师事务所，张杰律师
举报信箱：zhangjie@tiantailaw.com　　举报电话：(010) 68343948
本书如有印装质量问题，由我社市场营销部负责调换，联系电话：(010) 88386906

2019
中国园林古建筑
精品工程项目集

《筑苑》理事会 编

中国建材工业出版社

《2019中国园林古建筑精品工程项目集》编委会

评审专家组:

商自福　　邢世华　　张东林　　梁宝富　　吴世雄　　佟令玫　　章　曲

编　委（按姓氏笔画排序）:

马家光	王国华	王凯峰	王政清	王　袁	王晓庆	田　刚
邓城民	龙　莹	孙平云	刘军军	孙伯航	刘庭风	许家瑞
张　宁	吴　伟	李向阳	李　利	张豆豆	李君洁	李含笑
吴胜明	何栋强	李　骏	宋晓明	李景山	汪　群	何新祥
邵冬贤	杨金凤	杨　哲	季银生	瓮　楠	罗德胤	钟永伟
项立海	俞　倩	钟　晴	姜　雷	殷云芳	夏登龙	顾琴霞
梁安邦	梅江松	梁宝华	黄烈坚	黄惠玲	梁燕宁	辜少忠
揭青梅	傅春燕	韩婷婷	蔡栋捷	蔡福兰	滕明星	

前言 foreword

文化自信是一个民族、一个国家以及一个政党对自身文化价值的充分肯定和积极践行，并对其文化的生命力持有的坚定信心。传统文化是一个民族发展的不竭动力，是文明的创造源泉所在，只有立足于优秀传统文化之根，才能保证中华民族的持续健康成长。

建筑是文化的载体，而传统建筑是文化传承的核心。我国是具有五千年传统建筑文化的文明古国，这些传统建筑文化是现代中国城乡建筑事业的根，也是中华民族的根。园林是生态文明的重要载体之一，园林建筑、园林植物造景、园林铺装、园林小品等可为人们营造舒适的居住环境和公共活动空间，提高人们的幸福指数。古建筑的雕梁画栋、油漆彩画，展现了中华优秀传统文化的魅力，彰显了匠人匠心。政府机构、高校院所、专家学者的理论研究，以及行业企业的身体力行，共同缔造了一个保护传承、创新发展的大环境。

中国建材工业出版社《筑苑》理事会着眼于园林古建筑传统文化，结合时代创新发展，遵循学术严谨之风，以书为媒，与业界专家学者、企业精英一道，为重拾文化自信，传承传统文化，不遗余力。2019 年，《筑苑》理事会启动"中国园林古建筑精品工程征集活动"，得到了广大会员单位的积极响应，会员单位共申报工程项目 50 余项，根据征集活动办法，《筑苑》理事会进行了筛选，共 31 个项目符合申报要求，进入专家评审环节。评审采取现场评审和场外评审两种方式，通过现场专家评议、场外专家审核，专家参照申报标准进行综合打分，顺利通过评审的项目入编本次出版的《2019中国园林古建筑精品工程项目集》，面向全国发行。

入编本书的工程无论是设计水平还是施工水平，都具有一定的典型性和示范性，其中很多工程为所在地的示范项目，不仅得到了业主方的高度认可，还获得了当地民众的交口称赞。另外，通过本次精品工程征集和评审工作，我们发现，园林工程施工质量以及古建筑营造水平普遍提高，园林植物品种不断丰富，园林植物养护更加专业，硬质工程精细化程度也有所增强。更加令人欣慰的是，很多工程在新技术、新工艺、新材料的应用方面有了新突破，一方面，有些企业已经拥有了自主研发的技术专利，另一方面，在选材上则更加体现生态环保、循环利用，理念先进。这些都值得鼓励和提倡，也体现了这本项目集的价值与意义。

优秀的园林古建筑工程不仅为人们营造了宜居的生活环境和优雅的人文氛围，它还是中华优秀传统文化继承与发展的生动体现。希望本书的出版能够为广大同行提供借鉴与参考，共同推动行业进步，为园林古建事业的发展提供助力。

编者
2019年9月

目录 contents

1

远看小区有诗意，近观住宅有底蕴
——武汉万科翡翠玖玺项目一期示范区景观工程
武汉农尚环境股份有限公司

8

浙派园林宛如诗画，青山绿水再现乡愁
——浙江展园施工图设计与施工一体化项目
杭州市园林绿化股份有限公司

15

冰心绿韵靓丽外墙，环保节能畅享生态
——珠海市横琴新区区域供冷系统一期冷站项目3号冷
站建筑物外立面绿化工程
御园景观集团有限公司

21

以灰塑装饰一亩园，将文化融入新园林
——一亩园庭院土建绿化工程
北京一亩园文化艺术有限公司

30

做景观以环境育人，添绿意用生态助教
——秀湖实验学校景观绿化工程
浙江天姿园林建设有限公司

36　水系彰显咸阳人文，景观提升双照风情
——咸阳双照水库景观及水利工程
武汉农尚环境股份有限公司

43　管道管涵复加雨季，迎坚克难整治坂澜
——坂澜大道环境整治工程
深圳市楷腾建业有限公司

50　香山帮艺技显精妙，巧修缮文庙重放彩
——常熟文庙二期工程
常熟古建园林股份有限公司

56　依托地势营造园林，倾心打造法式景观
——沁园春景二期01-0061地块之室外景观园林绿化工程
北京金都园林绿化有限责任公司

61　精工细筑学院派，自然营造英伦风
——保利·海德公园项目大区及商业区园林景观工程
北京顺景园林股份有限公司

66　抓软景凸显赖特风，突硬景点缀各小品
——昌平区沙河镇C-X06、C-X07、C-X10地块二类居住、
公建混合住宅、托幼用地项目（配建"人才公共租赁住房"）
一期二标段景观工程
北京世纪立成园林绿化工程有限公司

71　遗址公园增彩延绿，文化绿地节水典范
——明城墙遗址公园东南角绿地恢复工程
北京世纪经典园林绿化有限公司

75 立体花园连成走廊，屋顶绿化变美大兴
——大兴区屋顶绿化建设工程（二标段）
北京市首发天人生态景观有限公司

80 先浅后深有序施工，分区分段无缝衔接
——园博会梦唐园改造项目
创景园林建设有限公司

84 见缝插针推进土方，定点放线栽植苗木
——中都科技大厦园林景观工程
北京市中宏晓月园林绿化工程有限公司

92 滨水公园景观连连，文化廊道历史悠悠
——莲花河滨水公园景观提升工程（一期）
北京市绿美园林工程服务中心

96 软景硬景完美融合，植物金属和谐共生
——香河机器人产业港项目一期景观工程
北京碧洲园林景观工程有限公司

100 突破传统合围成院，巧用花期营造景观
——重庆金茂珑悦项目二期景观工程
盛景国信（北京）生态园林有限公司

106 绿化山体提升社区，精心施工造福居民
——海泰国际园林景观工程（一期）
天堂鸟建设集团有限公司

115 住宅尽是绿色人居，小区俨然生态园林
——扬州新城高层区住宅景观工程
扬州意匠轩园林古建筑营造股份有限公司

122 巧妙使用本土树种，降本增效塑造景观
——黄山旅游管理学校新学校景观工程
芜湖新达园林绿化集团有限公司

128 闽南风轻抚薛岭山，技和艺打造新公园
——薛岭山公园建设项目
江西绿巨人生态环境股份有限公司

132 设计与施工相依托，园林和景观同出彩
——滨湖新区方兴湖公园景观配套工程
安徽腾飞园林建设工程有限公司

142 海绵公园增惠民生，规范施工保质保量
——泰兴市龙河湾公园景观绿化工程
常熟古建园林股份有限公司

149 抓施工树安全典型，控质量保优质工程
——乌海市海勃湾区社会主义核心价值观教育广场建设工程
芜湖绿艺园林工程有限公司

156 生态医院服务宜春，园林景观助力康养
——宜春市人民医院（北院）【五标段】园林景观绿化工程
天堂鸟建设集团有限公司

164 文渊楼阁古韵飘香，铜殿书声声传四海
——学军中学文渊分校文渊阁铜殿及铜门楼工程
杭州金星铜工程有限公司

169 紫铜牌楼彰显古韵，独特景观传承文化
——浙江大学紫金港校区铜牌楼项目
杭州金星铜工程有限公司

175 会议思维嵌入规划，村寨复兴再添经验
——竹头寨规划实践项目
北京清华同衡规划设计研究院有限公司传统村落研究所

184 克难题水塘变鱼塘，新手段美化新乡村
——正桂美丽乡村建设项目设计施工总承包项目
天堂鸟建设集团有限公司

189 重规划老村获新生，齐参与粮仓变金库
——西河村规划实践项目
北京清华同衡规划设计研究院有限公司传统村落研究所

远看小区有诗意，近观住宅有底蕴
——武汉万科翡翠玖玺项目一期示范区景观工程

设计单位：深圳市建筑设计研究总院有限公司
施工单位：武汉农尚环境股份有限公司
工程地点：武汉沌口经济开发区太子湖路
开工时间：2016 年 12 月 25 日
竣工时间：2017 年 12 月 30 日
建设规模：约 38711 ㎡
本文作者：蔡栋捷　武汉农尚环境股份有限公司　经理
　　　　　王国华　武汉农尚环境股份有限公司　经理
　　　　　王　袁　武汉农尚环境股份有限公司　经理

　　武汉万科翡翠玖玺项目一期示范区景观工程，由高端园林住宅行业翘楚——万科地产打造，位于武汉沌口经济开发区太子湖路，紧邻东风大道高架，瞬息连接二三环，周边万达、永旺商圈相邻，体育中心、足球公园左右环绕。纵横的立体交通、繁华的商业群、便利的休闲场区，使该住宅小区独据地理区位优势（图1和图2）。

一、工程概况

　　本工程为高档小区住宅及相关配套工程，绿化面积约 38711 ㎡，合同总造价 1968 万元，主要施工内容包含土方、绿化、园建、水电安装。其中，土方工程包括土方回填、绿地整理及堆坡造型；绿化工程包括乔木、灌木、竹类、地被、草坪等植物的种植；园建工程包括小区

图 1　主广场"新亚洲主义"造景　　　　　图 2　现代风格的主入口门栏

住宅小品、水系装饰、景石、围墙、儿童活动区、休闲洽谈区；水电安装工程包括给排水系统安装，草坪灯、射树等照明系统工程等。

二、工程理念

以高档住宅定位为基础，该项目遵循整体性、生态优先、因地制宜、可持续发展以及景观多样性的原则，充分考虑保护和利用原有地形、地貌和自然植被、水系等，尊重周边绿地的规划定位，使新建景观与周边原有景观完美融合，营造了人与自然和谐共生的生态景观序列。主体风格为"新亚洲主义"园林景观风格，细节上充分借用植被、小景、园建等各表现元素，项目营造出现代典雅、水流绿荫、诗意盎然的"新亚洲主义"气息。

三、工程的重点及难点

整个项目工程施工面积较大，施工工艺要求高，为确保项目顺利推进，我公司配备了专业素质及施工技术水平较高的团队进行施工及管理，主要完成了以下重点、难点工程。

1. 苗木高温反季节种植及冬季养护

本项目为高端住宅，植物配置上以乔木为主，通过乔、灌、地被、草的综合配置，力求达到良好的视觉效果。苗木种植期及冬季养护期，分别采用了我公司自有专利："一种大树移植的快速补充养分和水分的装置"（专利号 ZL201220409236.7）"、"一种用于移植大树的根部的冬季保温装置"（专利号

ZL201220429389.8)，实现了苗木高温反季节种植和精细化养护，如图 3 所示。

图 3　快速补充养分和水分进行高温反季节种植

2. 铺装工程兼具功能性与美观性

人行道硬质铺装采用"透水垫层、透水表层砖"的方法进行渗透式设计及铺装，以减少地表水径流量，防止地面积水。同时，铺装区域土层下方设置储水模块系统，储存下渗雨水，集中作生态净化处理，用作绿化灌溉。美观性方面，人行道铺装石材规格及样式多元化，不同石材及色彩的穿插拼贴，与地形、植物建筑相结合，将园区内外空间进行分隔，创造出咫尺天地包罗万象的园林景观效果，加强了空间感及园区的意境。重要部位的墙面石材和水景石材铺贴，分别采用了胶贴和干挂的施工工艺，

从而很好地避免了泛碱现象的产生,如图4所示。

图5 植被浅沟技术构建旱溪景观

图4 铺装兼顾美观性及功能性

3. 旱溪景观构建

本项目的旱溪造景,按"素土夯实—碎石垫层—混凝土—天然石放置"的工序进行,结合公司自有专利"一种适用于植被浅沟等海绵城市基础设施的土壤改良装置"(专利号ZL201720186499.9),构建了"植被浅沟+地下渗渠"的生态型植草沟模式。水源充足的时候,效果等同人造湖、人造溪流,能延缓和消减暴雨洪峰,保障排水安全;水源不足时,石头裸露出来,亦是一道天然原石景观,保证了视觉的美观性,如图5所示。

4. 打造"新亚洲主义"园林景观特色

本项目在施工中大量使用新材料、新技术、新工艺,应和了"新亚洲主义"园林风格的设计理念与定位。借助木质、钢构、小品、造景等各现代表现元素,营造出现代典雅、水流绿荫、诗意盎然的"新亚洲主义"园林景观特色(图6~图11)。

图6 现代简约小品造型与灯饰

图7 人工景石

图 8　现代小品造景 1

图 9　现代小品造景 2

图 10　现代简约小品造型

图 11　简约复古风格休憩坐凳

四、新技术、新材料、新工艺的应用

鉴于该项目高档住宅的定位，结合其"新亚洲主义"特色的设计理念与风格，我公司在施工中，采用新技术、新材料、新工艺，以科技元素展现设计理念，以科学技术助力项目施工，主要体现在：

1. 快速补充养分和水分进行高温反季节种植

乔木等大树品种种植时，采用了我公司自

有专利"一种大树移植的快速补充养分和水分的装置"（专利号 ZL201220409236.7）。通过对大树移植后的保活、补水、养护采取措施，有效实现大树水分蒸发损耗后快速补充养分及水分，并能保证水分及时到达大树根系，还能提高树木下土壤与外界的物质交换，增加土壤的活力及改善土壤的通气环境，使大规格苗木在移栽定植后得到了良好的恢复与生长（图 12）。

图 12 快速补充养分和水分

2. 保温装置技术提高苗木冬季存活率

苗木冬季养护期，采用我公司自有专利"一种用于移植大树根部的冬季保温装置"（专利号 ZL201220429389.8），进行精细化养护。参照该专利技术，将人造草皮与塑料泡沫板、化纤丝网格布组合在一起，置于大树根部，保温效果明显，能保证苗木根部不被冻坏冻伤，使苗木安全过冬，而且该保温装置还能反复使用，具有一定的景观效果（图13～图17）。

3. 胶贴和干挂工艺铺贴面层

园林铺装石材一般采用水泥砂浆铺贴法，在安装期间，板块会出现类似"水印"一样的斑块，甚至泛碱。本项目施工中，重要部位的

图 13 艺术草花造型

图 14 草花与小品造景

图 15 清新草花造型

图 16　艺术草花造型

图 18　胶贴及干挂工艺铺装面层

图 17　茵茵草地

装置"(专利号 ZL201720186499.9),构建了"植被浅沟+地下渗渠"的生态型植草沟——旱溪景观。旱溪水源充足时,利用植物的生长、植物根系的吸附和土壤、滤料的净化作用,加强系统的除磷脱氮功能,得到更好的出水水质。同时,生态植草沟良好的渗透性能,能延缓和消减暴雨洪峰,保障排水安全。水源不足时,石头裸露出来,亦是一道天然原石景观,保证了视觉的禅意美观性,如图 19 所示。

墙面石材和水景石材铺贴,分别采用了胶贴和干挂的施工工艺。干挂工艺铺贴时,基层使用钢骨架,再用不锈钢挂件将其与石材连接施工,从而很好地避免了泛碱现象的产生,如图 18 所示。

4. 植被浅沟技术构建旱溪景观

造景时,采用了我公司自有专利"一种适用于植被浅沟等海绵城市基础设施的土壤改良

图 19　旱溪景观

2019 中国园林古建筑精品工程项目集

5. 采用新材料铺装彩色塑胶地垫

作为高端住宅类项目，本项目施工中，在健身器材和儿童游玩中心区主景周边前卫性地铺装了彩色塑胶地垫。彩色塑胶地垫由聚氨酯预聚体、混合聚醚、废轮胎橡胶、EPDM 橡胶粒或 PU 颗粒、颜料、助剂、填料等多种材质组成，具有平整度好、抗压强度高、硬度弹性适当、物理性能稳定的特性，且安全、环保、经济、色彩亮丽，适合全天候使用，如图 20 所示。

图 20　采用新型材料铺装的儿童游乐地垫

6. 木纹漆工艺装饰钢结构

木纹漆工艺，是指在普通钢结构上做出仿木纹效果的一种工艺。本项目的廊架施工中，我们便采用了这一工艺。因钢结构木纹漆工艺的成本价格，比使用普通真实防腐木低很多，采用这一工艺，既可大大降低施工成本，避免了采用真实仿腐木带来的高成本、安全隐患、保质期短等各种问题，同时，还可以配合景观效果，满足美观、环保的需求（图 21）。

图 21　木漆纹工艺廊架

五、结语

武汉万科翡翠玖玺项目一期示范区景观工程准确定位、精细设计，运用现代材料、现代工艺施工，搭配植被、钢构、小品、水景等，远看是诗意，近观有底蕴，营造出现代典雅、水流绿荫、诗意盎然的"新亚洲主义"园林景观特色。

浙派园林宛如诗画，青山绿水再现乡愁

——浙江展园施工图设计与施工一体化项目

设计单位：浙江理工大学，杭州市园林绿化股份有限公司
施工单位：杭州市园林绿化股份有限公司
工程地点：北京世界园艺博览会中华园艺展示区华东组团 C28 地块
开工时间：2018 年 7 月 1 日
竣工时间：2019 年 4 月 25 日
建设规模：约 4200m²
本文作者：钟永伟　杭州市园林绿化股份有限公司　质安部监管员
　　　　　钟　晴　杭州市园林绿化股份有限公司　企划部经理

HISTORIC BUILDING GARDEN

2019 年中国北京世界园艺博览会于 2019 年 4 月 29 日至 10 月 7 日在北京延庆举行，以"绿色生活，美丽家园"为主题，共有约 110 个国家和国际组织参展。紧邻中国馆的中华园艺展示区，浓缩了中国各地园林的精髓，既展现了历史悠久的园林文化，又体现了各地生态文明建设成果，其中的浙江展园便展示了一幅"旧境江南山水秀"的瑰丽画卷，书写了生态浙江、互联浙江、红色浙江的新篇章。

一、工程概况

浙江展园位于中华园艺展示区华东组团 C28 地块，长 100m，宽 40m，总面积约 4200 ㎡，最大高差约 3m，规模仅次于北京园、河北园。地处核心位置，其中西北、东南侧毗邻江西展园，与江苏展园，西南临中华园艺展示区公共空间，东北侧延伸至湿地溪谷。

二、工程理念

1. 这山这水浙如画，这乡这愁浙人家

浙江展园设计围绕北京世园会的办会理念和办会主题，结合浙江生态、文化、历史特点，运用丰富的园艺资材、浙派园林的造景手法，以践行"两山理论，美丽家园"为主线，以传承"古今人文，最忆浙江"传统文化为副线，按照"这山这水浙如画，这乡这愁浙人家"的设计主题，通过源起、诗画、富美、花园、起航五大篇章，打造新时代、现实版的"富春山居图"，讲述在"两山理论"指引下浙江大地的生产美、生活美、生态美，塑造"浙派园林"新典范。

2. 让产业生态化，让生态产业化

浙江展园设计从"千村示范、万村整治"工程从浙江大花园建设中吸取成功经验，在体

现"富美乡村"方面进行了大胆尝试，园艺打造采用了大量的经济作物作为建设材料，让产业生态化，让生态产业化，让一山一水、一草一木都与生产、生活、生态息息相关，让游览者真正理解"两山理论"的深刻含义。

3. 山水格局

整个浙江展园通过"七山一水二分田"的地形空间来表达浙江特殊的自然山水格局；其中"山"占七分，通过景观地形模拟浙江特色地形地貌；"水"占一分，通过河道曲线模拟浙江母亲河钱塘江，赋予之江（钱塘江别名）滋养浙江大地的美好寓意；"田"占二分，通过乡土院落与传统建筑的结合，象征着浙江人家的富美生活。追寻"看得见山，望得见水，记得住乡愁"的向往，使浙江的乡韵、乡土、乡愁、乡风得以延续和升华，在青山绿水间逐梦绿富美。

4. "一心""两廊""五篇章"

浙江展园设计采用浙派园林的造景手法，以人工模拟自然山水为骨架，以浙江深厚的文化底蕴为内涵，以合宜的游憩建筑为点景，以丰富的植物资材为重点展示对象，打造"一心""两廊""五篇章"的整体结构。

一心：以浙派民居建筑（富春山居）为景观核心；

两廊：山水景观廊、花园景观廊；

五篇章：源起浙江、诗画浙江、富美浙江、花园浙江、浙江起航（图1～图15）。

源起浙江——通过园区入口山水的营造来回忆"两山理论"源起浙江的峥嵘历史。

诗画浙江——通过传世名画《富春山居图》的意象和山水小品的造景来表达对诗画生活的美好向往。

富美浙江——通过浙派民居建筑、茶田小院等情景的模拟来展现新时代浙江乡村的富美生活。

花园浙江——通过花卉园艺展示，体现浙江在"千村示范、万村整治"的背景下取得的巨大成果，展示浙江大花园的秀美风光。

浙江起航——通过红船、码头、运河等情境的塑造，表达浙江与北京江南北国一脉相牵

图1　源起浙江——峰雄瀑飞的山林景观，表达出浙江绿水青山的实践成果

图2　源起浙江——"源"寓意了浙江母亲河钱塘江的源头

的不解之缘，同时也表达出新时代、新浙江、新起航的坚定信念。

图3 诗画浙江——中国十大传世名画《富春山居图》描述了浙江建设的美好景象

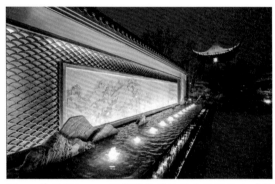

图4 诗画浙江——运用景墙的造景手法烘托出《富春山居图》的主题思想

图5 富美浙江——浙派园林的造景手法展现了"古今人文，最忆浙江"传统文化

图6 富美浙江——体现了浙江在"千村示范、万村整治"的背景下取得的巨大成果

图7 富美浙江——茶田小院情景的模拟来展现新时代浙江乡村的富美生活

图8 富美浙江——浙派民居建筑情景的模拟来展现新时代浙江乡村的富美生活

图 9 花园浙江——通过花卉园艺，展示浙江大花园的秀美风光

图 10 花园浙江——自"两山理论"提出以来，浙江一直向着建设"花园浙江"的美好目标大力前行

图 11 花园浙江——通过花境、小品、草坪、小桥、流水、扇面"汇芳轩"等景观元素，营建丰富多彩的花园类型

图 12 浙江起航——以红船为原型的"闻涛舫"，展现"红船精神"在浙江的传承与发扬

图 13 浙江起航——通过运河情境的塑造，表达浙江与北京、江南与北国一脉相牵的不解之缘

图 14 浙江起航——通过码头情境的塑造，表达出浙江再起航的坚定信念

图 15　浙江起航——新时代的浙江续写生态文明建设的新篇章，砥砺前行，浙江再起航

三、工程的重点及难点

1. 浙江珍稀植物的园艺应用

全园大量应用了珍稀树种，乔灌木约有40种，草本植物更是种类繁多。其中具有活化石之称的金钱松、银杏是全园的骨干落叶乔木；樟科、壳斗科的浙江樟、浙江楠等是常绿阔叶珍贵树种的骨干代表；普陀山特有的普陀鹅耳枥、普陀樟、普陀杜鹃等体现了海岛植物特色；其他如南方红豆杉、金缕梅、银缕梅、浙江红山茶、天目铁木、百山祖冷杉等珍稀植物皆有很高的观赏价值。这些珍稀珍贵树种相互搭配使浙江园一年四季花团锦簇、郁郁葱葱，犹如一座森林花园。

2. 林下经济——铁皮石斛的应用

展示形式：林下地被、可食地景、墙垣石壁、树体绑扎。通过以上形式使铁皮石斛分布在全园的各个区域，通过雾森系统、照明系统、土壤改良等方案，对日照、湿度、土壤蓄水量每一个细节都进行严谨测试，还原野生环境，使每一株铁皮石斛都能汲取日月灵气和果木精华。

3. 花境设计

全园地被以浙江特色花卉植物搭配形成自然花境，根据立地条件和植物主题分别有岩生花境、药用花境、耐阴花境、杜鹃花境、水生花境等五大类型。

4. 设施农业应用

设施农业是随着农业现代化和农村种植业结构调整而逐步发展起来的新型产业，是应用现代工业和现代科技武装，全方位利用时空条件的立体农业。设施农业一定程度上打破了传统农业地域和时季的自然限制，园区内通过立体农业展示柜、展示台等形式展示现代设施农业在室内应用的场景。

四、新技术、新材料、新工艺的应用

1. 垂直绿墙应用

浙江省的垂直绿墙技术在国内处于领先水平，园区绿植墙以"丝"为笔，用流畅的线条勾勒出浙江的丝绸之美、体现浙江丝绸之韵，描绘出一幅柔软飘逸的浙江丝绸之画（图16）。

图 16　垂直绿墙

2. 植物浮岛技术

园区北侧的湖面上布置有框架结构与木本

植物相结合的新型生态浮岛（图17），生态浮岛床体上铺载种植土，种植有厚皮香、芒草、千屈菜、再力花、梭鱼草、旱伞草、美人蕉等，营造优美的浮岛景观。

图 17　新型生态浮岛

3. 海绵城市理念应用

园区大面积的铺装路面采用传统材料与透水材料相结合的方式（图18），结构层、基础均采用透水混凝土材质，通过缝隙满足雨水下渗与收集；同时表面采用传统老石板材料，满足古色古香的景观效果。

全园按当地降水量数据需求铺设盲管，降

图 18　采用传统材料与透水材料相结合的铺装路面

水较小时，雨水可通过绿地和路面自然下渗；短时降水较大时，雨水可汇集至盲管，继而汇流园区水系，最终达到缓排、微净化、回收、储存、再利用的生态效果。

4. 小环境湿度控制系统

园内采用了大量浙江特色植物，对生长环境的湿度要求较高。鉴于北京的气候较为干燥，无法达到植物生长的湿度要求，园区内配备了一套完善的小环境湿度控制系统，系统可以在无人值守的情况下，定时定量地对小环境湿度进行集中管控（图19）。

五、结语

走浙江人家，展浙江风景，呈浙江人文，

图 19　小环境湿度控制系统

讲浙江故事。浙江展园向全球宾客展现了浙江生态、生产、生活发展新成果，展示了浙江园林和园艺发展新成就，传达了浙江人民勇立潮头、敢为人先的创新精神，作为浙江对外形象展示的一个重要国际舞台，浙江园意义重大、影响深远。

冰心绿韵靓丽外墙，环保节能畅享生态

——珠海市横琴新区区域供冷系统一期冷站项目3号冷站建筑物外立面绿化工程

设计单位：广东彼岸景观与建筑设计有限公司

施工单位：御园景观集团有限公司

工程地点：广东省珠海市横琴新区

开工时间：2016年9月29日

竣工时间：2016年12月27日

建设规模：3000m²

本文作者：杨金凤　御园景观集团有限公司　工程部资料员

　　　　　黄惠玲　御园景观集团有限公司　行政人事部经理

一、工程概况

本工程为横琴3号冷站建筑物外墙垂直绿化工程（图1～图16）。项目建筑基底面积约3700m²（74m×50m），建筑含夹层为四层，外墙最高点相对标高为18m，实施垂直绿化的外立面总面积约3000m²。

二、工程理念

1. 设计主题

本项目设计主题定为：冰心绿韵，环保节能。

本项目3号冷站建筑外观如同一个立方体的珠宝盒子，造型简洁现代。外墙垂直绿化沿着建筑本身的线条形成高低错落的条带，给建筑穿上植物的外衣。多彩的植物不仅靓丽

图1　3号冷站鸟瞰效果图

图 2　3号冷站立体图

图 5　西北面近景

图 3　3号冷站现状图

图 6　西北面远景

图 4　3号冷站东面实景图

图 7　西南面主要以鸭脚木和天冬门装饰

2019 中国园林古建筑精品工程项目集

美观，软化了建筑刚硬的线条，更重要的是还能起到增湿降温、隔噪滞尘的作用，真正实现绿色环保节能的目标。

结合建筑外墙的装饰线条，以红（如红背桂）、黄（如黄金叶）、绿（如鸭脚木）、花（如星花、彩叶植物）等多色植物进行组合，形成色块、条带等具有美感的形式，产生有韵律的变化，以呼应"冰心绿韵"的主题。

2. 施工方法

本项目主要是外墙立体绿化，高度达到二十多米，前期施工主要采用外排脚手架的方法施工，后期养护维修采用吊机加人工的方式。

3. 施工技术

（1）钢结构

采用镀锌钢扁通作为主龙骨，固定在梁板等位置。横杆采用角钢或槽钢与之焊接，作为挂置花槽受力构件。

（2）花槽模块

材质为耐候PP，内部有泄水孔，可将多余的水排出流至下层花槽。

（3）植物配置

选择以鸭脚木、天门冬、红背桂等经过多次实验验证的优质垂直绿化苗木，结合朝向、位置，同时考虑植物本身的色彩、质感进行布置。

（4）营养基质

采用轻质泥炭土，拌合蘑菇肥等，利于植物生长。营养土是专为垂直面植物生长而研制的，重量轻，既保水又透水，不板结、不降解、防暑抗冻。

图8　3号冷站的东面即正面图

图9　3号冷站西北面

图10　3号冷站东面细部

图 11　3 号冷站北面仰视图

图 12　红背桂、天门冬详图

图 13　3 号冷站西面

（5）给水系统

采用自动控制、分区分时段供水的方式。为保证滴灌效果，采用滴箭的形式。同时配置加肥系统，通过给水管路补充肥料。

（6）排水系统

主要考虑过门过窗的处理，结合立管，主要采用不锈钢的收水槽收集多余的给水，汇集后集中排走或回用。

（7）收边处理

建筑的拐角、门窗外边缘等处都需要进行收边处理，以遮挡外露的花槽模块及植物，保持建筑轮廓整体的美观，同时考虑设置养护通道，这些都需要具体结合现场进行处理。

三、工程的重点及难点

由于本项目地处横琴岛，四面临海，考虑防台风和防腐蚀的技术要求十分必要。同时，这也是业主特别关心的安全问题。

1. 防风措施

（1）保证结构安全

采用规格适合的国标镀锌钢材，本项目中钢结构锚板与混凝土外墙的连接要求采用化学螺栓。钢结构焊接过程中应严格遵守相关规范，并对焊缝进行检查，以保证焊接工艺性能和力学性能符合要求。

（2）保证模块及植物的固定

本项目用于绿化种植的模块（花槽）均采

图 14 多色植物进行组合，形成色块、条带等更具美感

图 15 多彩的植物不仅靓丽美观，还软化了建筑的刚硬线条

图 16 立体绿化起到增湿降温、隔噪滞尘的作用

用耐候 PP 料。模块安装时应将卡扣卡牢，每排模块安装应留有一定的间隙。

2. 钢结构防腐措施

（1）原材料要求

要求采购质量达标的镀锌钢材，镀锌层厚度需达到相关标准；同时在钢结构运输、安装、使用过程中应避免造成损伤。

（2）施工要求

焊接前进行除锈处理，彻底去除锈皮和铁锈；焊接过程中不得有飞溅；焊缝表面清理干净后进行防锈处理，涂环氧富锌底漆二道，施工过程中未及时安装的钢结构应用防雨布覆盖，防止出现"白化"现象。

（3）养护要求

钢结构使用过程中，应根据使用情况（如涂料材料使用年限，结构使用环境条件等），定期对结构进行检查和必要维护（如对钢结构重新进行涂装，更换损坏构件等，原则上每两年进行一次），以确保使用过程中的结构安全。

3. 给水措施

垂直绿化，给水是关键。在以往的垂直绿化案例中，通常采用自带滴头的 PE 管，但经常会出现滴头堵塞的现像，灌水不均匀导致植物死亡。本项目从两方面着手改进了给水方式以改善上述弊端。一是将滴头改为滴箭，每个花槽安装两支，保证给水的均匀；二是在水源处加装过滤装置，防止水中的杂质堵塞滴孔。

实验证明，效果良好，但也出现了一些新问题，例如由于水压过大导致滴箭的脱出等，这是我们在以后施工中要探索解决的问题。

四、新技术、新材料、新工艺的应用

1. 花盆选型及安装

花槽采用耐候 PP 制成，花槽蓄水量可满足植物五天的需水量，遇停水也无需担心植物缺水干旱。

2. 自动灌溉系统

给水系统采用自动控制、分区分时段供水的方式，为保证滴灌效果，采用滴灌的方式，同时配置加肥系统，通过给水管路补充肥料。

排水主要考虑过门过窗的处理，结合立管，主要采用不锈钢的收水槽收集多余的给水，汇集后集中排走或回用。

3. 营养基质

营养土是专为垂直面植物生长而研制的，重量轻，既保水又透水，不板结、不降解、防暑抗冻。

以灰塑装饰一亩园，将文化融入新园林

——一亩园庭院土建绿化工程

设计单位：北京一亩园文化艺术有限公司

施工单位：北京新景象园林绿化有限公司

工程地点：北京市通州区宋庄镇喇嘛村

开工时间：2015 年 3 月

竣工时间：2015 年 5 月

建设规模：406.6m²（古建面积约为 124.4m²，绿化面积约为 282.2m²）

本文作者：刘庭风　天津大学建筑学院　教授

　　　　　孙伯航　唐山学院艺术系　副教授

　　　　　许家瑞　天津大学建筑学院　博士

一亩园庭院土建绿化工程是宋庄独特唯一的古建园林施工作品，距离新北京市政府界仅 6km，交通便利、区位优势明显，艺术示范区定位高、起点高、档次高，同样对景观绿化的要求也高，所采用的苗木也全部是大规格、高质量的全冠树种，施工一经完成就能显现出非凡的效果。

一、工程概况

"一亩园"中的灰塑作品共有 11 处，分为 4 大主题，分别是恬静自适的田园之意、秋果累累的丰收之喜、亘古祈祷的平安喜乐与守拙抱朴之情怀。"一亩园"将私家园林与田园相结合，以表达园主人寄情山水园林之意。相较于传统的灰塑作品与建筑山墙结合之华丽，"一亩园"的灰塑作品注重秉承园林之性情，抒发园林之意境（图 1～图 3）。

二、工程理念

本工程以中国传统造园理论探索了中国人最低生存土地需求——"一亩三分地"的微园林设计方式，融合南北材料风格，建造了豪

图 1　大门

图 2　福字景墙

图 3　灰塑作品

迈而不失温婉的园林作品。一亩园庭院有三胜：一以假山瀑布雄浑大气为胜，二以青砖连廊及灰塑作品精致典雅为胜，三以植物错落有序绿肥红瘦为胜（图 4 ～图 14）。

三、工程的重点及难点

1. 假山堆叠施工

本工程的地理位置处于村庄内部，施工道路狭窄，施工面小。由于一亩园假山全部使用

图 4　流水瀑布

图 5　假山

图 6　假山石洞

图 7　一层连廊

图 8　一层连廊内景

图 9　二层连廊及廊架

图 10　核桃树

图 13　爬墙虎

图　14 丁香

大块的山东滕州石，重量重，共计约千吨，吊机操作不易，难以一次性堆叠出设计效果，施工的难度可想而知。

2. 水池施工

考虑假山及一亩园主体建筑的荷载，再挖池做防水的过程中十分小心。同时为保持水池周边水生植物、湿生植物的生长条件，于防水层上铺设 40cm 种植土，以打造良好的生态环境，供鱼类、青蛙生长繁殖（图 15、图 16）。

3. 交叉作业

主体建设扫尾工程、市政道路、管线、电缆铺设工程、景观绿化工程同时施工，现场混

图 11　虹桥柳树

图 12　紫藤

图 15　荷池

图 16　水池

乱，施工中互相阻碍。

4. 乔木规格偏大

本工程所采用的乔木均为 18cm 以上全冠大树，从采购到起苗、运输、栽植方面都有一定的难度。特别是青桐、五角枫、楸树等，位置远离道路，栽植不易。

四、新技术、新材料、新工艺的应用

1. "一亩园"中的灰塑作品

"雨后荷塘蛙协奏，自家田亩我躬耕"，这朴实而生动的写照之下就是"一亩园"中最大型的灰塑作品。包括园名在内，整个入口空间以红、黄两色为基调，搭配青色的砖墙所构成的圆洞门，往上、左、右三个方向延伸则是精致的瓦花，再加上两侧的石狮子与顶上的马灯，无疑形成了一个典雅精致却又充满生气的园林入口空间，也从入园初始营造私家园林的小园情怀，引人入胜。

进入园林之后便是以不同主题散落于各个景点的系列灰塑作品，给人如沐春风般的感受。起始处则是以"丰收"之意为主题的灰塑作品，园林入口左侧门洞之上以绿色西瓜为底的"通幽"，进而拐进右侧廊道之上的南瓜，通往正门路上以耕种为题的"耕径"；再则是会议室外墙上以窗为中心环绕的象征"五福"的"蝙蝠"；然后是表达"怡然"之情的假山入口处的"和寂清净"，通到地下室中庭的"苏竹图"，再往二层则是配合喜雨轩而设置的"竹海"及周边小型题字；最后便是顶层表达愿景的"八仙过海"与"一苇渡江"（图17～图24）。

图 17　青蓝亭及春风得意图

图 18　耕径门

图 19　漏瓦画

图 20　通惠舫

图 21　垂花门

图 22　喜雨轩

图 23　问天阁　　　　　　　　　　图 24　曲水流觞

2. "一亩园"中灰塑的制作过程

　　灰塑工艺早在唐僖宗中和四年（公元 884 年）就已经存在，盛行于明清，主要运用于祠堂、庙宇等建筑。民国至新中国成立期间，灰塑得到了岭南绘画和雕塑艺术的熏陶而使得其技艺得到发展与传承。现今由于经济、人员等多方面的因素，掌握灰塑技艺的人越来越少，灰塑技艺已经面临失传的危险（图 25）。

　　传统的灰塑材料的制作和雕塑工艺相对于绘画工艺更为复杂和精细，包括草根灰、纸筋灰与色灰的制作，而灰塑制作流程也更加复杂，其所制作出的灰塑作品往往也繁杂多样（图 26）。

　　灰塑作为园林景观的一部分，更要与整体的建筑、园林风格相呼应。"一亩园"其建筑与园林主体由青砖堆砌而成，且地处北方，于是对灰塑制作过程也进行了相对的调整。采用的原材料为筛过的白石灰、红糖、玉扣纸、糯米等。先将玉扣纸进行浸泡，捣烂，制成纸筋；将细筛过滤的白石灰用清水浸泡、静置；而后将熬制好的糯米粉与熬好的红糖进行混合，将两者混合均匀后加入静置后的白石灰，将其搅

图 25　灰塑技艺

拌均匀后放入纸筋进行搅拌即可制成灰塑所用原料。其中每次糯米粉的用量约为 500g，红糖的用量约为 180g，白石灰的用量约为 5kg，约配合 A1 大小的玉扣纸一张（图 27）。

熬制糯米粉　　　　　熬制红糖

使其混合均匀　　　将泡好的纸巾混合

图 26　灰塑材料制作过程

图 27　灰塑材料制作过程

灰塑用料需放置在背阴处，以防其水分蒸发过多造成其过硬进而不适宜于制模。制作好用料后便可以进行作品的制作了，一般要先根据制作的位置进行作品的构思创作，其立意需要切合建筑场所的风格样式与气场氛围。一亩园的灰塑创作统筹于整体的风格，而后每个地方进行深入与细化处理所成。每处的灰塑理念都和环境相互辉映，例如"耕径"的题字灰塑是根据由石子铺成的"耕作图"而来，而入口廊道上的"西瓜""冬瓜"则寓意着丰收。

当确定好立意之后，则需先用铅笔勾画出草图，草图可根据具体情况进行相应的调整，调整好之后就可以进行灰塑的制作，其所用工具可以选用油画刀和雕刻刀，不同尺度的刻画选用大小不同的刀具。

一般灰塑需要进行多次上料进行定型，当形态大致完成之后需进行形态的修整与打磨，以达到光滑细腻的效果，有时候为了进一步让

2019 中国园林古建筑精品工程项目集

表面平整则会少量运用腻子粉进行表面处理。最后一步就是进行着色，为了避免灰塑经受雨水冲刷后掉色，一般采用不融于水的丙烯颜料，按照由浅色到深色的顺序逐渐加色，并用小笔进行边界的修缮处理。至此，整个灰塑工艺过程基本完成。因为灰塑裸露于外部环境，经受风吹日晒雨淋，故而在完工后应定期对灰塑进行全面的维修。在"一亩园"中最主要的灰塑作品则是整个园林入口处的园名"一亩园"与对联"雨后荷塘蛙协奏，自家田亩我躬耕"所构成的一副大型灰塑，整个灰塑历时 2 个月完工，期间进行了多次调整与修改。

3. 灰塑在北方私家园林中的应用

（1）灰塑工艺的简化

传统灰塑中经常用到草筋灰与纸筋灰，将石灰与稻草秆混合为草筋灰，草筋灰用来打底；用竹纤维制作的玉扣纸与石灰混合为纸筋灰，纸筋灰则是用来做更精细的塑形。广州地区的灰塑有半浮雕、浅浮雕、高浮雕、立雕、圆雕、通雕六种表现形式，适应于不同的建筑部位与题材要求，而现今园林中多采用浅浮雕这种相对较为简单的形式，可直接采用纸筋灰进行塑形创作，也省去了扎骨架等较为复杂的灰塑过程，适合初学者进行操作。

在工艺简化的过程中也可以结合现代材料进行创作试验，例如内部骨架可借力于现代建筑复杂的形体与多变的外观。"一亩园"中点景题名的灰塑多是与预留的方形框相结合，进行形体的二度创作，作品会凌驾于画框之上，同样也受画框的支撑，到创作后期却也发现画框的形态不必拘泥于方形，表面也不必平整，

也可带些凹凸，形成更为生动的灰塑作品。

（2）灰塑主题的现代化

传统灰塑作品的主题主要体现在以下几个方面：故事传说、祥禽瑞兽、花卉果木、博古藏品、八宝法器、吉祥文字、纹样图案和舶来题材等。通过谐音、比拟等手法表达人们对于美好事物的追求。随着现代社会的发展，灰塑本身的主题也呈现了多元化的发展趋势，现今一亩园的灰塑作品大多还是取材于上面所述的灰塑图案，但也有部分图案的现代化处理，例如由假山进入主体建筑时门上半圆形空间内的"茶室幽香"，即是自行创作贴合现今元素的主题表现。

灰塑固然是多运用于古建筑与园林之中，但是不代表这种表现形式不能运用在现代建筑与现代园林之中，灰塑本身对于建筑而言，具有多种功能性特征，但是其对于建筑的装饰性是不会被磨灭的，现今一亩园的灰塑创作只是其应用的一小步，还有很多空间等待我们去发掘与创作。

五、结语

灰塑不仅是岭南的一种文化建筑符号，更是一种文化精神的载体，给予了人们对于建筑的期待，对于园林的诉求。虽然南北方存在气候、文化体制等多方面的差异，但是一些元素与技艺是可共享并传承的。"一亩园"中灰塑作品就是一种勇敢的尝试，将灰塑与现代材料、环境相结合，创造出适宜于北方园林的灰塑作品，也为北方的园林增添一抹亮色。

做景观以环境育人，添绿意用生态助教

——秀湖实验学校景观绿化工程

设计单位：上海利恩建筑设计事务所（有限合伙）

施工单位：浙江天姿园林建设有限公司

工程地点：秀洲新区、秀洲工业园区内木桥港路南侧、东港路东侧

开工时间：2016 年 11 月 9 日

竣工时间：2017 年 8 月 19 日

建设规模：41000m²

本文作者：王凯峰　浙江天姿园林建设有限公司　项目经理

　　　　　俞　倩　浙江天姿园林建设有限公司　项目经理

"环境育人"的思想已深入人心。优美而充满个性的景观环境，能够实现对学生潜移默化的教育，能够创造"寓教于生活"的教育模式。如今，校园环境建设显得尤为重要。搞好学校景观绿化，在校园的环境规划设计中讲究布局、营造意境，同时充分考虑景观的实用性和观赏性，真正表达自然与人的"和谐"观点。根据校园的功能定位，秀湖实验学校的景观规划的理念确定为：校园环境效益上追求生态化；校园绿化布置上追求绿色化；景观艺术构思上追求意境化。

一、工程概况

秀湖实验学校景观绿化工程（图1、图2）由嘉兴市秀洲新区开发建设有限公司投资，上海利恩建筑设计事务所（有限合伙）设计，浙江经建工程管理有限公司监理，浙江天姿园林

图 1　入口景石

图 2　入口景石反面

建设有限公司施工。工程内容主要包括地形处理、景石安置、园林景观铺装、廊架、水景、景观排水、景观给水、绿化种植及养护等一系列分项工程。

二、工程理念

整个项目主导思想以简洁、大方、美化环境、体现建筑设计风格为原则，使绿化和建筑相互融合，相辅相成。使环境体现学校文化的传承（图3～图12）。其特点有：

（1）充分发挥绿地效益，满足学校师生不同要求创造一个幽雅的环境，美化环境、陶冶情操，坚持"以人为本"，充分体现了现代的生态环保型的思想。

（2）植物配置以乡土树种为主，疏密适当，高低错落，形成一定的层次感；色彩丰富，主要以常绿树种作为"背景"，四季不同花色的花灌木进行搭配。使学校绿化带达到四季常绿，三季有花，"以绿为主"，最大限度提高绿视率，体现自然生态。在满足生态功能的基础上可以营造文化、意境、独特的空间情调。

（3）学校铺装达到了通顺、流畅、方便、实用的要求，并建造了多种园林小品，小品包

图3　园路1

图4　园路2

图5　景观行道树

图6　楼间景观（冬景）

括特色水景及花坛、曲线木座凳、长廊等，在造型、颜色、做法上突出了新意。使之与学校的氛围相适应。周围的绿地不仅可以对小品起到延伸和衬托的作用，又独立成景，形成了以集中绿地为中心的绿地体系。

图 7　楼间景观（夏景）

图 8　楼间景观 1

图 9　楼间景观 2

图 10　楼间景观 3

图 11　楼间景观 4

图 12　楼间景观 5

三、工程的重点及难点

1. 大面积花岗岩铺装施工

工程在入口处及教学楼之间都存在大面积花岗岩贴面，从土路基的开挖起，每一道工序都达到设计及各项规范要求，包括土路基夯实度、混凝土的厚度及浇筑工艺，杜绝了后续因局部区域下陷导致面层花岗岩碎裂而影响整体美观的可能性。而大面积花岗岩铺装在保证施工工艺质量的前提下，整体的观感效果最为重要，花岗岩进场过程中，严把材质、色差关，做到石材材质达标，无色差。在整个花岗岩铺装过程中，在坚持"精准放样、精准施工"思想的指导下，最后铺装结果达到了预期的景观效果。

2. 植物种植配置多样性

工程为校园景观绿化工程，需最大限度提高绿视率，故较多地采用常绿树与落叶树、速生树与慢生树、乔木与灌木相结合的方式，不同花期木本花卉相结合，使绿地一年四季都有

良好的景观效果。选择适合当地条件、病虫害少、有地方特色、便于日后管理的植物。乔木如香樟、朴树、银杏、榉树、樱花、紫荆等，色块如红叶石楠、杜鹃、小叶女贞、红花檵木、茶梅等，使形状、色彩、质感、季相变化、生长速度、生长习性、配置效果相匹配，在有限的空间内最大限度地为学校环境增添绿意，如图 13～图 20 所示。

四、新技术、新材料、新工艺的应用

1. 植物种植及养护方面

（1）移栽设备：植物移栽过程中我司使用了新型的植物移栽设备，通过本设备大大减少了转移过程对植物造成的伤害。实践证明此设备在转运植物过程中确实起到了减少伤害的作用，并于 2018 年获得了实用新型专利证书。

（2）新型药剂：在植物种植过程中施工了"抽枝宝""植生基盘材""活力素"等绿化新材料来提升植物的成活率。

图 13　道路两侧 1

图 14　道路两侧 2

築范——做景观以环境育人，添绿意用生态助教　秀湖实验学校景观绿化工程

图 15　楼前花坛 1

图 16　楼前花坛 2

图 17　楼前花坛 3

图 18　特色小品

图 19　现代廊架（冬景）

图 20　现代廊架（春景）

（3）灌溉系统：在本项目中采用了新型的节水且实用的灌溉系统，此系统可以按照各种植物的水分需求进行水量切换，不仅可以有效的避免水资源的浪费，同时可以使园林植物更好地生长，经实践证明此系统在节水方面作用良好，并于 2018 年获得了实用新型专利证书。

（4）滴灌系统：本项目在重点区域部分及石质花钵内使用了滴灌系统，水湿润部分土壤表面，可有效减少土壤水分的无效蒸发。同时，由于滴灌仅湿润作物根部附近土壤，其他区域土壤水分含量较低，因此，可防止杂草的生长。滴灌系统不产生地面径流，易掌握精确的施水深度，非常省水。环境湿度低滴灌灌水后，土壤根系通透条件良好，通过注入水中的肥料，可以提供足够的水分和养分，使土壤水分处于能满足植物要求的稳定和较低吸力状态。灌水区域地面蒸发量也小，这样可以有效控制保护地内的湿度，使保护地中作物的病虫害的发生频率大大降低，降低了农药的施用量，也不会造成地面土壤板结。

2.LID 低影响开发方面

2016 年上半年住房城乡建设部发布了《海绵城市建设先进适用技术和产品目录（第一批）》，下半年发布了《海绵城市建设先进适用技术和产品目录（第二批）》，本项目本着 LID 低影响开发的原则，也在个别重要的区域或节点上使用了此目录中的技术。

（1）植草浅沟：在绿化带和侧石间使用了植草浅沟技术，其具有输水功能和一定的截污功能，良好地控制了地表径流，涵养了水源。

（2）透水混凝土：本项目使用了透水混凝土技术。透水混凝土具有透水功能，够把雨水渗入地下。透水路面雨天无积水，能蓄水及涵养地下水，不仅能够帮助城市排洪，解决城市内涝，还能给植物保留了充足的水分。因为透水混凝土有无数的孔隙，高温天气释放水分，不会像传统混凝土地面那样无法释放热量而造成长时间高温，反而能够增加空气湿度，改善城市热岛效应。透水混凝土的孔隙还能吸附空气中的粉尘，减少粉尘污染，也能吸收车辆行驶时的噪声。

（3）陶瓷透水砖：本项目在各个园路上使用了陶瓷透水砖铺装（基础为透水混凝土），本次使用的陶瓷透水砖是以以废陶瓷片等块状无机非金属材料为主要原料与水泥浆等搅拌，经压制成型、坯体干燥、高温烧成等工艺制成，其技术性能指标应符合《透水路面砖和透水路面板》（GB/T 25993—2010）标准要求。其具有透水性、保水性、防滑性、降噪性、施工方便性等特点，同时也使废陶瓷再次合理利用，变废为宝。

五、结语

本项目经各方努力，现已投入使用，发挥了其应有的社会和人文效益。通过本项目在施工过程中的精细化管理和严格的质量控制，打造出了一个园林空间丰富多变，植物、铺装多样化，静态和动态相结合，自然和生态相融合的和谐景象。

水系彰显咸阳人文，景观提升双照风情

——咸阳双照水库景观及水利工程

设计单位：陕西建协设计研究院

施工单位：武汉农尚环境股份有限公司

工程地点：大西安（咸阳）体育文化功能区服务区

开工时间：2017 年 3 月 10 日

竣工时间：2017 年 11 月 30 日

建设规模：约 728391㎡

本文作者：张　宁　武汉农尚环境股份有限公司　经理

　　　　　滕明星　武汉农尚环境股份有限公司　经理

　　　　　李向阳　武汉农尚环境股份有限公司　经理

HISTORIC BUILDING GARDEN

咸阳双照水库景观及水利工程利用宝鸡峡灌区上游水源，通过三支渠引水，按照"长藤结瓜"方式，建成三个小型平原水库。总用地面积约 1885609 ㎡，其中水面面积约 72903 ㎡，绿地景观面积约 728391 ㎡，环绕咸阳奥体中心，以"用水、活水、亲水"为抓手，四千多株树木、各式色块、花卉组成的绿道、广场及星罗棋布的建筑景观，既展示了秦代水利工程的水利文明，又呈现了园林缤纷多彩的艺匠情怀，是不可多得的"人文历史和现代生态景观

相交融"的绿色生态大作（图 1）。

一、工程概况

咸阳双照水库景观及水利工程位于咸阳市双照镇及马庄镇地界，距西安 35km，距咸阳 15km，地处大西安（咸阳）文化功能区的核心区域。项目于 2017 年 3 月开工，2017 年 11 月完工，主要施工包含绿化工程、园建工程、电气工程。其中，绿化工程包括苗木栽植基础工程、栽植工程、水体净化、养护；园建工程包括园路铺装面层及基础，广场、平台、台阶等铺装面层及基层，桥面装饰面层，木栈道、塑胶铺地、木栈道护栏、矮墙、挡墙、坐凳、廊架、景石、公共设施标识牌、浮雕等；电气工程包括南湖、北连接渠的灌溉、消防、冷雾系统等（图 2）。

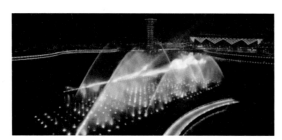

图 1　咸阳奥体中心夜景，灯光璀璨

图 2 双照水库环湖景观道

二、工程理念

该工程作为陕西省第16届省运会的重要配套项目,设计上充分迎合青春、运动的现代风格,同时在细节元素的应用上尽显水利项目自身的历史人文气息,施工时又兼顾海绵工地、生态文明水系建设要点,总体上定位为"人文历史和现代生态景观相交融"的绿色生态大作。

三、工程的重点及难点

咸阳双照水库景观及水利工程作为陕西省第16届省运会的重要配套项目,整个工程体量大,涉及专业多,工期紧。为保质保量按时完成任务,我公司配备经验丰富的现场管理人员及专业素质过硬的施工班组进行专项施工。结合该项目水利工程属性定位,及当地湿陷性黄土的环境特点,我公司充分引用海绵城市设计理念,做出了以下重、难点工程。

1. 自有专利与"海绵工地"的建设

咸阳市双照水库景观及水利工程施工中,充分引用海绵城市设计理念,采用了我公司自有专利"一种滨水带水体净化系统(专利号:

ZL201720186501.2)"和"一种适用于植被浅沟等海绵城市基础设施的土壤改良装置(专利号:ZL201720186499.9)",建设了生态停车场、湿塘雨水花园及临建区雨水收集系统,避免了污染物直接排入水体中并延展空间,有效实现雨水的排渗结合与回收利用,打造了具备储水、净水、释水功能的新型"海绵工地";同时,还采用了我公司自有专利"一种用于土壤改良的排水装置"(专利号:ZL201220409189.6),确保了地下水位较高区域的苗木存活率,如图3所示。

图 3 "海绵工地"的建设

2. 湿陷性黄土处理

本工程地势平缓,土层主要由风积黄土、残积古土壤组成,顶部为人工填土层,自重湿陷性,且承载力低。

据此,我公司采用垫层法进行施工,按"场地平整—素土夯实—灰土层施工—分层夯实—混凝土垫层—面层"施工工序进行。在样板段的施工取样实验合格后,再大面积铺开施工。

这样真正克服了湿陷性黄土的困难，既保证了施工质量，又提高了施工效率，成功实现了园区大面积广场及园路的快速施工，如图4所示。

3. 水生植物种植

针对本项目体量大，苗木种类及数量多的情况，我公司对种植土土方、苗木采购、种植、养护管理等每一道工序进行严格把控，并制定相关的操作标准。具体措施包括对土壤和水质进行质地检测，对众多水生植物进行习性调查，加强对施工队伍技术交底及管理监督等。

咸阳市双照水库景观及水利工程施工中，水生绿植种类繁多，其中大量姿态各异的睡莲、千屈菜、狼尾草及鸢尾等水生植物与奥体中心建筑紧密相伴，最终实现了良好的景观效果，如图5、图6所示。

图4 湿陷性黄土处理

图5 姿态各异的睡莲、千屈菜、狼尾草及鸢尾等水生植物与奥体中心建筑紧密相伴

图6 水生植物种植

4. 特色风情小品与造景

以西北风情为基础，我公司在咸阳市双照水库景观及水利工程施工中，精心设计、精细施工，力求小品与造景呈现鲜明的地域特色：绿植造型的紫薇亭与体育场主场馆、点火塔（如意塔）遥相辉映；造型油松、高羊茅草坪为北方物种，伴着景石及各式雕塑，点缀成趣。漫步环湖绿道，移步异景，浓浓的西北风情扑面而来（图7～图12）。

图9　乔木与茵茵草地

图7　绿植造型的紫薇亭与体育场主场馆、点火塔（如意塔）遥相辉映

图10　立体花箱沿路摆设

图8　油松、景石、动物雕塑在高羊茅草坪中点缀成趣

图11　木平台房屋造景

图 12　景石造型与特色木质拱桥

四、新技术、新材料、新工艺的应用

咸阳市双照水库景观及水利工程，不论是景观工程造景，还是园林小品施工，均使用了中国传统元素，同时大胆运用了现代新型材料、新技术、新工艺。这样既展示了秦代水利工程的历史文明，又展现了园林科技及精益求精的艺匠情怀，真正兼具了人文历史和现代生态风情。

1. 采用土壤改良的排水装置建成生态停车场

咸阳市双照水库景观及水利工程通过公司自有专利"一种用于土壤改良的排水装置"（专利号：ZL201220409189.6)，采用级配碎石及无沙大孔隙透水混凝土，利用混凝土及碎石内部贯通的孔隙网，使得车位具有良好的透水性，快速渗水，减少地表径流，有效回收雨水。且停车位上植草，停车位间种树，保证停车位有足够的绿化面积，使停车用地与绿化用地实现了有机的结合。生态停车场的建立，使城市的排水能模拟自然对雨水的吸收、储存、蒸发，遵循雨水循环规律，有利于城市保持生态平衡，改善城市的小气候。

2. 运用植被浅沟技术建造湿塘雨水花园

咸阳市双照水库景观及水利工程运用公司自有专利"一种适用于植被浅沟等海绵城市基础设施的土壤改良装置（专利号：ZL201720186499.9)"，在迎水面的湿塘边坡中部回填 30～40cm 的种植土，栽植狼尾草、千屈菜及鸢尾等植物，并在种植土下部沿植物边缘放置体积为 0.15～0.2m 的龟纹石，用于挡种植土，形成湿塘雨水花园，兼顾了景观功能及雨水调节功能，同时保证了高水位区域苗

图 13　植被浅沟技术建打造湿塘雨水花园

木存活率，如图 13 所示。

3. 使用"滨水带水体净化系统"完成临建区雨水收集系统

为满足临建区海绵城市设计需求，咸阳市双照水库景观及水利工程施工时，使用公司自

有专利"一种滨水带水体净化系统"（专利号：ZL201720186501.2），在道路、围墙与绿化部分交界处设置截面尺寸为 0.2×0.2m 的明沟，透水砖面层坡向临建明沟并采用粗砂及卵砾石将明沟填满以作为净化层，明沟底每隔 20m 设置环保型渗透雨水口，沟内坡向环保型渗透雨水口，并埋设 DN50 的 PVC 管将渗透雨水口与东湖沉淀池连接以供回收利用雨水，如图 14 所示。

图 15　主广场硬质铺装

图 14　使用"滨水带水体净化系统"完成临建区雨水收集系统

图 16　广场简约透水砖铺装

4. 环保新材料生态陶瓷铺装园路广场

生态陶瓷透水砖具有环保、透水性强的特性，是现代施工中倡导使用的新型材料。咸阳市双照水库景观及水利工程施工中，不仅有大片充满传统意蕴的花岗岩、青石板园路，更有大量生态陶瓷透水砖铺装的园路和广场。其小道园路铺装中，大量使用色泽不一、深浅搭配的生态陶瓷透水砖，横向铺装，整齐的一字排开；其广场园路铺装中，则在此基础上，更加注重通过颜色的组合搭配形成铺装的造型美，如"90°直角型"与"一字型"混合铺装，如图 15～图 17 所示。

图 17　广场简约透水砖铺装

5. 根部保温装置等新技术用于乔木栽植

车位间栽植乔木，如国槐。其他乔木，如数千株的樱花苑、银杏林、国槐，行道间沿路栽植。月季更是布满园路花径。乔木种植时，采用含有机质的肥沃土壤，种植土先疏松湿润，栽植后及时浇水、追肥（氨肥及复合肥），养护期间对国槐进行支撑木棍加固并修剪，每月除草一次。特别是冬季养护期间，我公司使用了"一种用于移植大树的根部的冬季保温装置"（专利号：ZL 2012 2 0429389.8）自有专利技术，覆盖在乔木树圈上，既可对树圈进行有效的保温，同时保证树圈不露土的良好观感效果，如图18～图20所示。

图20 根部保温装置等新技术用于乔木栽植

五、结语

咸阳市双照水库景观及水利工程历史人文性与现代生态型紧密结合、和谐统一，施工一经完成，赢得了质检站、建设单位、监理单位、设计单位等的一致好评，为陕西省水利景观工程及行业树立了典范，国家体育总局、陕西省市级领导等将此列为工程建设调研对象，质监站多次组织行业单位观摩，央视"筑梦中国"栏目及咸阳市电视台重点采访……咸阳市双照水库景观及水利工程是农尚人的骄傲！

图18 数千株国槐、月季布满园路花径

图19 园路与乔木种植

2019中国园林古建筑精品工程项目集

管道管涵复加雨季，迎坚克难整治坂澜

——坂澜大道环境整治工程

设计单位：深圳市园林股份有限公司
施工单位：深圳市楷腾建业有限公司
工程地点：深圳市龙岗区坂田街道辖区
开工时间：2017 年 9 月 1 日
竣工时间：2018 年 5 月 28 日
建设规模：80149m²
本文作者：辜少忠　深圳市楷腾建业有限公司　总经理

HISTORIC BUILDING GARDEN

深圳市龙岗区坂澜大道南接坂田，北抵观澜，两边分布有住宅区、工业区以及自然山地区，是连接观澜的重要通道。兼有龙岗区地理、人文、自然景观特色。道路硬质景观现状坂澜大道为双向 6 车道，属于新建道路，道路总体状况良好（图1）。

图1　工程竣工效果（局部1）

一、工程概况

坂澜大道环境整治工程，位于龙岗区坂田街道辖区，占地面积 80149 ㎡，由深圳市楷腾建业有限公司承建。主要施工内容包括：整地、栽植、园路、广场铺装、电气照明、绿化养护、园林绿化种植等工程。

二、工程理念

本工程项目通过在道路两侧种植乔木、灌木组成绿色屏障防护墙，以及修建隔声围墙等措施，有效降低了噪声对敏感点的影响。在道路两侧利用绿化植物来吸收吸附汽车尾气污染物，并加强交通管理及路面维护，减少因塞车造成大气污染。

本工程采用客土喷播技术，施工效率高，可满足大面积快速绿化的需要，且绿化效果好，喷播物能在土壤表面形成一层膜状结构，有效地防止雨水冲刷，避免种子流失，令所建立的植被均匀整齐，效果很好（图2～图4）。

整条道路以常绿色系为背景色，并以红色系、黄色系植物丰富道路，形成色彩缤纷亮丽的道路景观风貌。以不同花期的色叶植物色彩配置为主要色调，形成大面积、成段的色彩感官，同时点缀其他色彩丰富视觉，整条道路植物丰富多彩，视觉景观极佳（图5～图10）。

三、工程的重点及难点

本工程的管道管涵工程量大，主要施工内

图2　工程施工客土喷播植草

图3　客土喷播植草竣工效果（局部）

图4　工程竣工效果（局部2）

图5　工程竣工效果（局部3）

图6　工程竣工效果（局部4）

2019 中国园林古建筑精品工程项目集

图7 工程竣工效果（局部5）

图8 工程竣工效果（局部6）

图9 工程竣工效果（局部7）

图10 工程竣工效果（局部8）

容为管道管涵安装建设，雨季对工程施工的影响比较明显。施工期间应做好雨季洪水灾害突发事件防范与处置工作，使灾害处于可控状态，保证抗洪抢险救灾工作高效有序，最大限度避免和减少人员伤亡、减轻财产损失，保证工程顺利完成。

雨季施工难点应对措施如下：

根据该地区的气候特征，在雨季进行施工是不可避免的事情，在下部工程施工中，要在基础周围挖排水沟，以保证施工排水畅通。河塘及软基地段中下部结构施工要尽量避开雨季。掌握降雨趋势的中短期预报，了解掌握施工地段的汇水面积和历年水情，根据雨季特点

采用相应的施工措施。施工场地提前做好排水系统并保持通畅。

雨季施工应适当缩小工作面，土方采用随挖随运的方法，尽量当天施工当天成活，妥善安排好现场的排水和交通，切忌全线大开挖。雨季期间应根据施工现场情况，对因雨而易翻浆地段优先安排施工。对地下水丰富及地形低洼处等不良地段，在优先施工的同时，还应集中人力、设备，采取分段突击的方法去完成。

开挖时应在道路两侧或每隔适当距离挖出排水沟，以便雨水及时流至路外或下水道积水井内。如汇入积水井，则应事先留出泄水孔，竣工后修复。

施工地段低洼而又无排水设施时，应设临时泵站，用排水沟将雨水按地形汇集到适当地点，用水泵将水排出施工地段。

摊铺沥青混凝土路面时，应有专人负责接收和报告气象预报，遇有降雨不得进行施工；摊铺过程中遭遇降雨，当降雨影响路表面质量时应停止施工。雨季施工时准备足够的防雨蓬或塑料薄膜。

图 11　工程竣工效果（局部 9）

四、新技术、新材料、新工艺的应用

1. 客土植生带植物护坡

客土植生带植物护坡是在坡面上挂网，机械喷填或人工铺设一定厚度的基质，上面铺设植生带，多用于普通条件下无法绿化的边坡。由于机械化工程度较高，目前该技术在公路边坡防护中已被大量使用。如缓坡可不挂网，直接铺挂植生带。

客土植生带植物护坡的优点：可以根据地质和气候条件进行基质和种子配方，从而具有广泛的适应性；客土与坡面的结合牢固；土层的透气性和肥力好；抗旱性较好；机械化程度高、速度快、施工简单、工期短；植被防护效果好，基本不需要养护就可维持植物的正常生长。该法适用于坡度较小的岩基坡面、风化岩及硬质土砂地、道路边坡、矿山、库区以及贫瘠土地。其缺点包括要求边坡稳定、坡面冲刷轻微，边坡坡度大的地方，已经长期浸水地区均不适合（图 11）。

客土植生植物护坡，是将保水剂、粘合剂、

抗蒸腾剂、团粒剂、植物纤维、泥炭土、腐殖土、缓释复合肥等一类材料制成客土，经过专用机械搅拌后吹附到坡面上，形成一定厚度的客土层，然后将选好的种子同木纤维、粘合剂、保水剂、复合肥、缓释营养液经过喷播机搅拌后喷附到坡面客土层中。

2. 植生袋（生态袋）护坡技术

山体修复、边坡绿化新材料是 100% 聚丙烯 (PP) 针刺无纺布，它耐腐蚀，抗 UV，透水不透土，允许地下水从其表面渗出，从而减轻压力；不允许袋中土壤泻出袋外，从而保持水土及植物赖以生存的介质，草可以从里面长出，也可以在表面生长，还可以进行植栽等，施工方便，对于边坡及河岸的巩固及绿化、屋顶绿化、排水沟渠构筑与绿化，比较实用，运用灵活，解决了普通绿化达不到的施工工艺效果；不受地质条件的限制，但施工技术相对较难，工程量较大；喷播的基质材料厚度较薄，被太阳照晒后容易"崩壳"脱落；喷播的基质材料厚度较厚，重量过大，则挂网容易下掉；工程造价较高，投资较大（图12～图14）。

图12　边坡护坡植生袋制作

图13　边坡护坡植生袋安装

图14　边坡护坡竣工效果（局部）

3. 植物病虫害的防治

植物病虫害的防治必须以"预防为主，防治结合"的原则进行。充分利用植物的多样化来保护其天敌、抑制病虫害。采用的树苗，严格遵守国家和深圳市有关植物检疫法规和有关规章制度。不使用剧毒化学药剂和有机氯、有机汞化学农药，尽量使用生物药剂防治（如：高效BT粉剂或溶液）。

病虫害防治要因地制宜，并关注有关专业部门病虫害预报，以防为主，防治结合。一旦出现病虫害症状立即对症下药，严防病虫害蔓延。

植物病虫害的防治应依季节的变更而不同：春季是病虫害的多发季节，尤其是食叶性害虫严重，应针对各种不同的虫害分别施药防治。夏季浇水、高温高湿，容易引发病虫害，对病虫害的防治不能马虎，要加强巡查，发现病虫害及时喷药防治。秋冬季病虫害相对较少，可以利用树木落叶的休眠期进行防治，可以喷、涂石硫合剂，有效进行预防，减少次年病虫害的发生。充分利用植物休眠期，对树木进行修剪，剪除残枝、病虫枝进行销毁，有效控制病虫害。

防治病虫害应注意以下几点：平时在管理中应做到勤观察，及时发现病虫害；及时对症下药；综合防治，确保植物不受或少受病虫害危害。绿化中所选用的树木、绿篱必须严格遵守国家和我市有关植物检疫法规及有关规章制度，严格把关，避免病虫害从外地侵入。

4. 植物保湿防晒

缠干：用草绳对树干缠干1.3m高，能起

到保湿防晒的效果。

搭遮荫棚：对少数不耐高温的乔灌木及色块植物，采取搭遮荫棚的措施，可以起到降温、减少树木水分的蒸发量，帮助其安全渡夏。

叶面喷雾：必要时对乔灌木进行叶面喷雾，降温、保湿。

5. 绑扎、扶正、培土

大风、梅雨季节来临前，以防为主，对固定绑扎等进行一次全面的检修加固，遇到连续

下雨或暴风雪等灾害性天气，加强巡检。如发生树木倒伏影响交通或景观的，突击抢救，在暴风雨过后全面检查，树木歪斜的扶正培土，重新支撑，伤残枝剪除。在施工养护期间，如发现歪斜、倾倒苗木，立即进行重新扶正、加固，并对植株根部进行培土（图15～图18）。

6. 苗木调查、补栽、补植

在秋季对所植树木的成活率进行一次全面的调查，并做好详细的记录，送监理工程师

图15　工程竣工效果（局部10）

图16　工程竣工效果（局部11）

图17　工程竣工效果（局部12）

图18　工程竣工效果（局部13）

审核。新植苗木、绿篱，因种种原因不可避免出现少数苗木的死亡，为保证苗木的成活率，在监理工程师规定的补栽期间内对苗木进行补栽。并从补栽补植之日起，加强对苗木的养护管理，直至苗木成活。

工程的养护管理工作，在整个绿化工程中占有极其重要的地位。因为随着绿化施工的完成，随之而来的是长期的、细致的、复杂的养护管理工作，正所谓"三分种植，七分管理"（图19和图20）。

五、结语

坂澜大道环境整治工程，承建单位在施工过程中严格按照施工图纸进行施工，地形平整良好，选苗合格，辅材质量符合要求。在种植过程中，对土壤改良上有合理过程，严格按照规范执行。植物图案造型达到设计效果，管养期能控制好苗木施肥、修剪、加固，营造了一条不可多得的靓丽风景带。

图19 工程竣工效果（局部14）

图20 工程施工弃土区植被种植

香山帮艺技显精妙, 巧修缮文庙重放彩

——常熟文庙二期工程

设计单位：浙江省古建筑设计研究院

施工单位：常熟古建园林股份有限公司

工程地点：江苏省常熟市学前街文庙旧址

开工时间：2014 年 7 月 10 日

竣工时间：2016 年 5 月 6 日

建设规模：5993m²（古建面积：949m²，景观面积：5044m²）

本文作者：吴　伟　常熟古建园林股份有限公司　项目经理

　　　　　马家光　常熟古建园林股份有限公司　质量员

常熟文庙旧址在古城区东南学前街，始建于北宋至和年间（1054—1056 年），初时有大成殿、明伦堂等建筑，南宋庆元三年（1197 年）仿苏州府文庙"东庙西学"规制重建言子祠。东轴线主体建筑有大成门、大成殿和言子祠；西轴线主体建筑有明伦堂。元至正二十二年（1362 年）于文庙前加筑照壁墙。至明代，移言子祠于大成殿之东，并别启石坊，自成轴线。清代，延续了明代的格局，形成了固定的布局，占地面积为 21.6 亩（约 15000m²），平面布局有三条南北轴线：中为文庙，主要有棂星门、戟门、大成殿（两侧有东西庑），是祭祀孔子的场所；西为邑学，主要有泮宫坊、学门、泮池、仪门、明伦堂、尊经阁，是常熟古代的最高学府；东为言子祠，主要有言子坊、祠门、礼门、享殿，是祭祀先贤言子的场所。学前街东西两端各有石坊，东名"兴贤"，西名"育俊"。琴川河南岸为照壁墙，名"万仞宫墙"。

一、工程概况

文庙二期工程包括修复大成殿、崇圣殿、崇圣门、内仪门的仿古、水电、商品混凝土、预拌砂浆、门窗、防水、涂料、外墙保温及室外景观工程，属省级文物保护单位的修缮及重建工程，建筑总面积约 949m²，其中大成殿面积约 635m²，崇圣殿面积约 314m²。工程合同造价 1788.92 万元（图 1、图 2）。

二、工程理念

修复后的常熟文庙定位为国家历史文化名城的标志性建筑，中华优秀传统文化和地方特色文化的展示、体验、传播中心，青少年爱国主义和思想道德教育基地，将具备纪念、教化、展览、旅游功能，重新成为常熟崇文重教的标志性建筑和市民精神文化生活的重要场所。

图1　常熟文庙全景

图2　室外景观

三、工程的重点及难点

在原址上复建的大成殿是文庙的主体建筑，五开间，面积约300m²。屋顶为重檐歇山顶，高19.3m，鎏金龙吻高2.1m，脊中有"至圣仙师"四个鎏金大字。走进大殿，最为醒目的是中间两根香樟木金柱，高达14.3m，柱径

达90cm。据我公司江苏省级非物质文化遗产传承人（香山帮传统建筑营造技艺）蒋云根介绍：制作这么粗的金柱在常熟古建史上还是第一次，工人们光用斧子砍削出一根木料就花了半个月时间。

而架于大成殿正中大梁之上的金色藻井更显得殿堂高阔深远。这个藻井为八角木结构

藻井，高约 1.6m，下部直径约 4.7m，顶部为贴金莲花，斗拱出跳采用凤头昂贴金，整个建筑结构勾心斗角、繁复异常。蒋云根说，藻井用料全部为进口柚木，工人们花了一个月时间才安装完成。八角形是古建筑当中的一种造型，因为下面有人像，上面增加莲花天花板，当中贴金，打开灯光后金光闪闪。贴金也是我们祖先代代相传下来的最高点，表达了对孔子的尊重。斗拱每台出跳，一共 9 跳，也有设计的含义。

大成殿建造的精妙之处在于上下檐采用了154 朵斗拱，这些斗拱不仅硕大，而且做法繁

复，其设计施工都严格遵照北宋时期《营造法式》中的形制进行。

图 5　大成殿内景

图 3　大成殿正立面

图 6　大成殿门窗

图 4　大成殿侧立面

图 7　大成殿歇山做法

2019 中国园林古建筑精品工程项目集

图 8　大成殿戗角

图 9　大成殿前石栏杆

四、新技术、新工艺、新材料的运用

在斗拱的制作安装过程中，按照公司专利（一种木销键连接的木斗拱，实用新型专利，专利号 201520176336.3）中的做法施工，将斗拱的耳和斗、升本体分开制作，且都设置连接孔，可以节约大量木材，而且可以避免顺纹抗裂强度不够的问题，采用木销键及木胶将分开制作的耳和斗、升本体可靠的连接起来，避免在加工、运输及安装过程中容易造成掉落问题，从而避免缺陷，影响成品质量。

石材施工部分，按照公司工法（仿古石栏

图 11　大成殿藻井

图 10　大成殿前望柱

图 12　大成殿室内斗拱

杆植筋灌浆锚固施工工法，江苏省级工法，工法号JSSJGF2014-2-195）中的工艺施工，将圆铁管作为预埋件，在栏杆柱钻孔，套入预埋件内，然后进行压力灌浆，提高整体性和牢固程度，有效克服了传统石榫锚固易松动问题，提高了仿古石栏杆的使用寿命。

施工过程中使用红外线水准仪、全站仪、测距经纬仪等先进的测量设备和测量技术，完成定位放线、梁柱及木构件装配、吊装、屋面作业等一系列施工。

所有木构件采用工厂化生产，在生产车间用数控钻铣机、数控钻铣槽机、程控锯铣机、

图15　崇圣殿石栏杆

程控刨床、精密刀具等机械设备粗加工为半成品，然后由工匠们手工进行精加工后运到现场施工，提高了效率，保证了木构件质量，同时避免了现场作业的场地局限、环境污染、效率低等问题。

所有木构件均使用ACQ环保木材防腐剂，采用新技术和工艺进行防腐处理。所有木构件在生产车间木材防腐浸渍罐中进行防腐处理，防腐处理完成后再运到现场使用，尽可能减少对现场环境的污染。

所有木材在油漆作业前，均使用FRW有机阻燃剂，进行防火阻燃处理。在打磨和处理好的木材表面喷涂FRW有机阻燃剂后，再进行油漆作业施工，满足木材防火要求，遇火后可形成阻隔，可以延缓燃烧速度。

大成殿为全木结构，其中4根香樟金柱高度达14.3m，直径90cm，在木架构的安装过程中，使用了两台50t的大型汽车吊，同时配合先进的测量设备，才顺利完成木构件的装配。

屋顶使用了三元乙丙橡胶新型防水卷材，并按照新工艺施工，提高屋面的耐久性和防水

图13　崇圣殿正立面

图14　崇圣殿后檐

2019 中国园林古建筑精品工程项目集

性能。

强电、弱电、智能化等安装工程施工过程均按照最新技术和工艺施工，在材料选择、安装位置、铺设等方面，不但符合防火要求，而且兼顾美观和协调一致。

在油漆作业过程中，整个建筑油漆均使用矿物颜料，按照先进工艺施工，确保油漆质量和效果。

五、结语

公司始终将文物保护放在首位，确保最大限度地恢复原状，以现存的建筑为基本依据，参照历史资料，重现历史旧貌，科学管理，文明施工，注重安全管理，加大技术投入，修缮

及重建了大成殿、崇圣殿、崇生门、仪门和室外景观等，圆满完成了文庙二期修缮工作，获得了预期的社会效益和经济效益，完工后的建筑出檐深远，整体庄严雄伟、古朴大方，体现出苏州传统"香山帮"营造工艺之精妙。

图 17 崇圣门木梁架

图 16 崇圣门正立面

图 18 仪门正立面

依托地势营造园林，倾心打造法式景观
——沁园春景二期 01-0061 地块之室外景观园林绿化工程

设计单位：北京中国风景园林规划设计研究院
施工单位：北京金都园林绿化有限责任公司
工程地点：北京市房山区窦店镇
开工时间：2015 年 4 月 20 日
竣工时间：2015 年 8 月 30 日
建设规模：39000m²
本文作者：王政清　北京金都园林绿化有限责任公司　高级工程师

HISTORIC BUILDING GARDEN

一、工程概况

　　沁园春景南区绿化景观占地 39000 多 m²，城建和泰房地产耗资千万打造法式园林效果。法式园林，即打破传统的园林设计，依小区地势结合法式风情园林景观，让人可以享受更多的休憩空间，同时拥有更加丰富的景观视觉。

地产行业对绿化景观效果非常重视，"用绿化景观效果刺激楼盘销售"，在施工过程中邀请龙湖及绿城的景观专家到现场指点，提升绿化景观效果，沁园春景项目也提升了公司作为景观建设单位的品牌形象（图 1、图 2）。

二、工程理念

　　本工程主要营造法式园林

图 1　竣工效果 1

图2　竣工效果2

三、工程施工

地形堆砌工程A区主要以自然式为主，通过微地形处理，创造更多的层次和空间，以精、巧形成景观精华，B区微地形主要以地台式为主，大的开合空间使视角更加宽广（图3～图9）。

园林种植工程主要体现浓密的法式园林效果，高大落叶乔木、常绿乔木，中层小乔木，

图3　A区原貌

效果，喷泉广场、木栈道、光荫走廊、亭台小品、风情雕塑起落激荡；园内绿荫绵延，林木丰沛，婆娑绿意已然成为生活最绚丽的点缀。晚餐后的林荫漫步，别有一番风景在心中。雨天，窗外细雨纷纷，满眼是绿，满眼是雨丝。坐在窗前，一杯香茗，或一杯咖啡，心中那道最美的风景已然浮现。运用"绿地优先，水景穿插"的空间规划方法来建立自然而休闲典雅的景观状态。以水景为主线贯穿，叠水景观与台地景观结合了北方特点，步移景异，时而开阔，时而疏密，时而溪水潺潺，营造一个起伏的溪谷，把法式经典与自然休闲融为一体，保证空间充足的日照。再结合高大的乔木和开敞的草坪空间，充分打造生态自然的舒适空间。

图4　B区原貌

築苑——依托地势营造园林，倾心打造法式景观——沁园春景二期01-0061地块之室外景观园林绿化工程

图5　A区给水管线预埋

图7　A区土建工程放线

图8　A区栽植工程

图6　A区预留景观灯位

图9　GPS定点

低矮花灌木等优质苗木品种，突显层次感，体现五重园林景观（图10、图11）。

园林硬质景观铺装及小品结合北区工程在材料选用及工艺上都有所提升，雕塑、喷水池石材选用大理石材质，指定福建厂家加工，紫铜镂空铜顶、地雕等为南区增添了独特的文化韵味（图12、图13）。

图12　水景安装

图10　栽植绿篱

图13　道路铺装

四、结语

沁园春景南区项目园林给排水工程及园林景观用电工程是城美公司自施项目，往期施工，合同中的水、电项目均为外分包工程，在工程款中削减了部分利润，本次水、电施工，项目部对人、机、物、料进行统一安排，控制了成本的同时也历练了自己的队伍（图14～图17）！

图11　园林种植效果

图 14　竣工效果 3

图 16　竣工效果 5

图 15　竣工效果 4

图 17　竣工效果 6

精工细筑学院派，自然营造英伦风
——保利·海德公园项目大区及商业区园林景观工程

设计单位：北京顺景园林股份有限公司
施工单位：北京顺景园林股份有限公司
工程地点：北京市海淀区学知桥西南角
开工时间：2015 年 6 月 1 日
竣工时间：2016 年 5 月 31 日
建设规模：3.4 万 m²
本文作者：宋晓明　北京顺景园林股份有限公司　景观规划设计院副院长
　　　　　杨　哲　北京顺景园林股份有限公司　技术研发中心总经理

一、工程概况

保利·海德公园项目是保利品牌顶级产品系作品，项目位于北京市海淀区北三环蓟门桥北，项目占地面积 3.4 万 m²。建筑采用维多利亚时期纯正英伦风格，打造一个集墅品公馆、城市别墅、五星级酒店、甲级写字楼于一体的高端社区。

二、工程理念

本项目风格以创造"学院派"精英社区为目标，提炼康桥文化，营造一个干净、整齐，具有秩序感、尊贵感、仪式感的学院派生活区。将"下午茶、水边漫步、玫瑰、阳光"作为设计蓝本，充分运用自然主义手法，满足每个居住者对花园式归家生活的美好期待（图1~图12）。

图 1　小区入口

图 2 小区景观 1

图 4 小区景观 3

图 3 小区景观 2

三、工程的重点及难点

　　本项目施工工期十分紧张，施工难度也十分大。在施工的过程中，要配合甲方的消防和规划的验收，使项目的工期紧张。我们在施工过程中合理安排工期和施工进度，保证项目的顺利完成。本项目包括大面积的铺装和两个水景花园、景庭和廊架、豪华的铁艺门、现代的

图 5 小区景观 4

2019 中国园林古建筑精品工程项目集

图6　工程地点原貌

大块景石；在项目的前期，通过对现场勘探，对原有的杨树和国槐进行因地制宜的设计和保留，在施工中和设计进行及时的沟通，通过优化道路线型及标高等方式，保留了原来的乔木，充分展现了设计施工一体化的优势。

在项目施工安排方面，为了保证铺装的进度和苗木的成活，在石材方面，提前在厂家加工好和提前试拼；在绿化栽植的时间方面，避免反季节种植，在五一前完成大乔木的栽植，

保证了植物的成活率和硬景工期的完成。

在硬质施工方面，确保现场效果的实现，在施工过程中严格把握施工质量。对于常规的材料和工艺，通过排版、石材加工控制、复核、防护和运输等方式保证质量，我们还积极尝试新的材料及做法。为了能更好的展示效果，取消了园区中自然水系的压顶，让草坪能和水系更好的融合，从而保证了景观效果。

四、结语

本项目完工后，社区的入口主要以高大乔木密植行成浓密的入口氛围，配以丰富的中下层植被，形成大气而又丰富的景观。在园区内以复层种植手法结合地形道路、水景，景致高低错落，呈现出自然舒适的空间感受，宅间及院落以宅间小道向前延伸，两侧以复层种植结合地形围墙。鲜花、乔木的散点种植让园区的道路充满变化。院落区域以大乔木界定；后院

图7　路面铺装

图 8　苗木栽植

图 10　施工过程 1

图 9　夜间施工

图 11　施工过程 2

图 12 施工过程 3

侧墙及后院种植高篱明确了私密的空间；独享的阳光草坪，让人们感受到休闲与从容。商业空间设置规则整齐的乔木，提升商业空间的价值，延伸文化内涵，使景观与建筑完美结合。

抓软景凸显赖特风，突硬景点缀各小品

——昌平区沙河镇 C-X06、C-X07、C-X10 地块二类居住、公建混合住宅、托幼用地项目（配建"人才公共租赁住房"）一期二标段景观工程

设计单位：优地联合（北京）建筑景观设计咨询有限公司
施工单位：北京世纪立成园林绿化工程有限公司
工程地点：北京市昌平区沙河镇能源南街与昆仑路交叉口西南
开工时间：2015 年 4 月 30 日
竣工时间：2016 年 1 月 16 日
建设规模：35221.38m²
本文作者：王晓庆　北京世纪立成园林绿化工程有限公司　项目经理

一、工程概况

昌平区沙河镇 C-X06、C-X07、C-X10 地块二类居住、公建混合住宅、托幼用地项目（配建"人才公共租赁住房"）一期二标段景观工程位于北京市昌平区沙河镇，毗邻京新高速、京藏高速、十二五规划国家级高新技术产业带西轴，工程总面积 35221.38m²，绿地面积 26218.15m²，铺装面积 9003.23m²（图 1）。

二、工程理念

本项目保持了龙湖地产以往的优势，并在传承基础上大胆创新。项目人车出入口全分流设计，车辆于小区外直接入库，不通过大门，大门以人行为主，大门建筑形式借建筑元素，

突出书院气质、府邸品质；园区内水飘带结合入户桥体做结构分段设计，降低池底沉降断裂风险；水系周边卵石以镶嵌形式出现，尽量控制使用面积，降低物业维护成本。整个景观设计，"五重园林"作为基底，并辅以水系、台地、下沉式等多种景观技法，通过建筑和景观

图 1　原貌图

的集成，将城市公寓与别墅园林完美融合。住宅规划的脉络以自然花园式风格为主，以水为主脉，向自然过渡，建筑向生态绿野融入，如同从自然中生长出来的家园，创造出生活与生态无时不在的亲密接触场景（图2～图4）。

图4　竣工图3

图2　竣工图1

图3　竣工图2

项目定位为综合高档景观绿化项目，建筑参照知名的"赖特风"别墅，加入龙湖独有的原创元素，精制构建桥、水、台、檐融通的雅致格局，吸纳美式草原风的阔景空间及日式和风的简约于一墅，自然简约，温和清新。本项目以水作为贯穿全园景观的纽带，通过湖面、

叠水、水飘带等不同形式的水体，营造亲水生活情境。园林是龙湖项目的特色与杀手锏，小区园林中随意的一种植物，绝不是随意而为，而是景观设计师用心搭配、几经甄选而做出的最佳植物组合。经典的五重草木手法，共同构成立体、多层次的园林景观，互相搭配，均衡考量，最终创造出最佳色彩层次、最佳搭配周期的园林效果。为创造以人为本的和谐生态居住社区，绿化与景观设计起到了决定性的作用，风格多有创新。自由灵动的村落格局，曲折惬意的林间小径，步移景异的人性空间，使用转轴错位等平面布局手法，尽可能让每户空间与众不同的自由格局。多级绿化景观点、线、面相结合，景观小品与绿化交织，小桥流水相得益彰，多选本地树种花卉，三季有花，四季常绿。位于主入口的五级叠水，雍容地表达了社区的热情与亲和，配以愉悦的建筑语言和舒展开朗的景观形式，呈现出住户精致优雅的生活情趣。整个小区单元明确，景观布局合理，归属性、识别性均好，加上风情植物的配合，成就舒适惬意的生活家庭院落。

三、工程的重点及难点

本工程为综合性工程，包含铺装工程、给排水工程、电气工程、绿化种植工程四个专业工程。工程项目和工序繁多，多专业、多工种、多工序集中在有限的空间和时间中流水施工作业，相互交叉、重叠；现场要服从甲方的整体安排，为其他工程提供必要、合理的施工保障及便利条件；现场组织协调工作、分工协作工作、紧急修改工作的数量相当巨大（图5～图

10）。

园区道路系统为人车分流，软景苗木规格大，后期苗木更换比较困难（机械设备无法再进入园内），对苗木成活率提出了高要求，因此，针对该特点，我们采用"抓软景、突硬景"办法，重点在园区苗木栽植及成活率上下工夫，以达到最佳景观效果；对园区内道路铺装面层采取集中后做方式，提前做好材料的备料工作，进入现场随时准备施工；因园内面层工程量大且分散，施工人员的分配根据施工进度安排，

图5　混凝土垫层浇筑

图7　水系铺设防水层

图6　水池砌筑

图8　园路开槽

2019 中国园林古建筑精品工程项目集

图9　雨水井砌筑

图10　园路砌筑

做充足人力预估，保证软景效果的前提下，硬景不延误。

硬景方面，园区内园路面积大、弧形较多，需在最短时间内保质保量的完成面层铺装，对园路放线顺滑及铺装质量提出高要求。园林建筑小品称之为本工程项目点睛之笔，使用专业厂家进行二次深化，达到设计要求效果。山石叠瀑、水系为本项目标志性景观工程，其空间位置映入眼帘、近人尺度。对叠瀑、水系基础结构及采购石料要求高，山石采用纯天然石料，其施工工艺为山石叠拼码放，施工前需组织相关施工人员对图纸进行深化，制作模型并聘请山石专家现场指导。

四、工程施工管理及技术措施

1. 成立工程小组，开展质量活动

设置高效的工程协调管理机制、敬业负责的质量检测部门、严格的工程监督制度，分包单位必须选派责任心强的技术骨干专人抓技术质量管理。开工前对质量实行目标管理，施工中严格执行各项管理制度，定期检查落实情况，从管理上确保质量目标的实现。

2. 实行技术和质量两级现场交底制度

为使施工人员包括施工队长、质检人员甚至一线工人对设计图纸有最深刻的理解、把握，对施工工艺和验收要求有清晰的了解，建立了设计、技术和质量两级现场交底制度，即技术负责人在现场对施工队长、质检人员进行交底，施工队长向班组进行分项专业工种交底。各级负责人或有关人员通过图纸会审，结合场地实际情况当场提出疑问，相关人员现场解答、调整，在良好的沟通和交流中使一线施工人员直接理解、掌握施工要求，保障工程顺畅进行。

3. 推行样板管理制度

在景观关键部位、细致部位和技术难度较高部位全部施工前先将一处做出样板，获得认可后，方可大面积施工，在减少不必要的返工、节约成本的同时，保障景观质量。

4. 推行重点景观责任到人制度

本工程园林景观注重对主路两侧、拐角处

的植物配置处理。施工项目组指派专人负责，在领会设计者表达理念基础上，根据场地现状，结合苗木种类、大小和姿态，作出初步设计，经审核认可后实施。

5. 加强材料检验力度

高质量工程离不开高质量材料。所有材料必须有出厂合格证，按规范要求进行材料复试后，方可进入施工现场。强化测试管理，对混凝土、砂浆、供水管的水压、电气绝缘电阻均进行测试并留有记录，以保证施工的正常使用。

6. 建立工程质量管理措施

设置高效的工程协调管理机制、敬业负责的质量检测部门、严格的工程监督制度，分包单位必须选派责任心强的技术骨干专人抓技术质量管理。开工前对质量实行目标管理，施工中严格执行各项管理制度，定期检查落实情况，从管理上确保质量目标的实现。

五、结语

本项目整体风格以自然花园式风格为主，以入口镜面水池、五重叠水、水景旁休息场地、幽静小路、儿童活动场地、健身场地、阳光草坪、山涧小憩等景观将整个园区怀抱在山林绿

意中，充分体现花园般的环境品质。

（1）本次园区施工从建筑到景观都延续了赖特风格，入口门房延用建筑语言，使整体风格语言统一。

（2）园区"以水为题，智者乐水"，以水为贯穿园区纽带，湖面、叠水、水带等不同形式的水体，营造亲水生活情境。

① 以叠水水景解决高差问题，同时塑造个性景观：利用叠墅建筑与高层的 1.5m 高差，在别墅与高层的交接部分安插了若干个叠水水景，从别墅区层层跌落到高层区，形成院区独特的景观点。

② 水漂带贯穿全园，如笔墨书法，游龙般地穿过园区，连接园区中的叠水节点、场地、小品，并且使叠墅区实现跨水入户。

③ 高层楼王与叠墅区交界处形成双向观水、立体景观，高层楼王与叠墅区共同分享一条水系：叠墅院落与水体相接，实现亲水生活；而在面向高层楼王的一侧，利用高差，在叠墅区水系中选取若干点做落水景观，并配合种植与硬景，将这些节点串联成景观带。

（3）露天出入地库，营造更加舒适的行车环境，高效利用空间，叠墅之间以天桥相连，形成立体式园区景观。

遗址公园增彩延绿，文化绿地节水典范
——明城墙遗址公园东南角绿地恢复工程

设计单位：北京市园林古建设计研究院有限公司
施工单位：北京世纪经典园林绿化有限公司
工程地点：北京火车站东侧，东便门角楼北侧，东二环西侧
开工时间：2015 年 4 月 10 日
竣工时间：2015 年 7 月 18 日
建设规模：22350m²
本文作者：李舍笑　北京市东城区绿化一队　副队长
　　　　　田　刚　北京市东城区绿化一队　工程部项目副经理

HISTORIC BUILDING GARDEN

一、工程概况

明城墙遗址公园东南角绿地位于北京火车站东侧，毗邻东二环路，与东便门角楼遥相呼应，现有明城墙遗迹，规划绿地面积 1.44 万 m²（图 1）。全园共分三个景区："雉堞铺翠"景区围绕城墙设置散步路，道路两侧的种植物疏朗大气，与城墙古朴、自然的氛围相一致，构成整体氛围；"角楼映秀"景区是整个场地内观赏角楼最佳区域，在此设置休闲广场，使游人在此区域停留，观赏角楼；"玉棠新绿"景区中设计古典亭廊，种植选用北京传统庭院植物玉兰与海棠，共同营造出北京胡同的生活气息（图 2～图 4）。

明城墙遗址公园绿地恢复工程包括：园林土方、绿化栽植、园林道路及小品、古建、水

图 1　原貌

图 2　竣工效果 1

图 3　竣工效果 2

图 4　竣工效果 3

电照明、集雨设施、广播监控。公园总面积约 22350m²，其中新建绿化（公园南段）面积约 14700m²（绿化约 12400m²，铺装约 2000m²，古建 300m²），原有绿地面积（公园北段）面积 7650m²，常绿乔木 58 株，落叶乔木 237 株，灌木 448 株，色带及攀爬植物 6000 株，花卉布置 5 万盆，宿根 14500 万盆，草坪（含丹麦草）8500m²，坐凳 12 个，垃圾桶 16 个，牌示 20 个，码放山石约 120t，大型雕塑 1 个，园林给排水约 5000 延米，园林照明 907 延米，古建 1 处。

二、工程理念

本工程的设计延续明城墙遗址公园"疏朗大气、自然古朴"的景观特点，建成展示古城墙风貌及漕运文化，追寻历史记忆的文化休闲场所。通过优选植物品种、改良土壤、采用先进的灌溉系统等措施达到丰富植物色彩、延长植物绿期的效果，将明城墙遗址公园东南角绿地建设成为北京市"增彩延绿"及节水示范工程，成为老百姓一处开展休闲娱乐活动的场所。

三、工程的重点及难点

1. 土壤改良

基础土壤改良主要增加土壤有机质含量，为将来绿地土壤有良好的通透性做准备。添加的改良物质以有机肥、草炭为主（或单一有机肥），同时还要使用含有速效性养分的复混肥。栽植所用土壤为挖槽土，土壤中有机质含量均很低，1m³ 土中添加有机肥为 30kg（即 1.5 袋），1m³ 土中添加草炭为 16kg（即 2 袋），1m³ 土壤添加腐殖质 10kg，1m³ 土中加入复混肥 0.2kg(每袋 20kg)，添加物与土壤充分混匀。

（1）土壤改良深度

灌木地被层：改良的土壤深度根据栽植植物确定，栽植草坪和花卉地被等低矮植物的土壤一般改良深度为根系主要层向下 20 ～ 30cm。一般灌木土壤改良深度为 0.5m。

乔木层：将所挖树穴的正常深度和宽度加大至少 30cm，整个树穴中均回填改良后的土壤。

（2）围堰处理

项目临近竣工时，将所有围堰进行美观化

整理，围堰内满放置 5cm 厚的腐殖质，上表面用环保树皮覆盖（图 5）。

图 5　围堰处理

2. 增彩延绿

北京市冬季景观一直较为单一，尤其是 11 月中旬至次年 3 月这段时间，景观效果差强人意，因此明城墙遗址公园希望通过"增彩延绿"项目来延长北京的绿期，增加北京四季色彩（图 6）。

在树种的选择上将引进新优树种与乡土树种相结合，同时充分考虑城墙景观的特色，选用的树种为：彩叶树有丽红元宝枫、银红槭、银白槭等，秋季红叶的树有鸡爪槭、红枫等；增长绿期的有柳树、国槐等发芽早落叶晚的树种；常绿树有翠兰柏、白皮松、小叶女贞等彩叶针叶树和阔叶常绿树；可观干观果的有海棠、金银木、山荆子等树种。

明城墙遗址公园通过彩叶树、彩叶常绿树以及可观干观果树种的选择和合理搭配，结合精心养护，达到为北京市"增彩延绿"的效果。

3. 海绵公园

公园通过建设渗透设施，促进雨水下渗，增加浅层土壤的含水量并涵养地下水。降低场地暴雨期间瞬间地表径流量，减轻市政排水系统的压力，并发挥雨水管理系统的生态效益，改善公园生态环境。将雨水收集利用作为场地特色，可进行雨水资源的可持续性发展的科普展示。

公园铺装大部分采用透水砖等透水铺装材料做法。既可以及时下渗一定容量的雨水，又

图 6　夜间苗木栽植

可以避免一般降雨中传统铺装施工后不均匀沉降，产生的局部集水现象。沿园路及广场边缘设置集水暗渠，渠中铺设速排龙，以卵石加以覆盖，既保证了景观效果，又有效收集了雨水。集水渠自身具有下渗功能，遇短时间大雨量无法及时下渗，雨水会随暗渠流至蓄水池，场地中建有一个 $100m^2$ 的地下蓄水池，蓄水池里的水经过处理可作为灌溉用水再浇灌绿地。超出蓄水池蓄水能力的部分，可通过暗渠将水引入渗井，场地内绿地外围地势低洼处加装了 5 个渗水井，渗井的设置可以使园区在降雨时存蓄更多的雨水，延长雨水的下渗时间。通过这些手段，将不再增加路面和市政管网的排水压力，使公园成了一块零排放集雨节水的"绿色海绵"。

四、结语

本项目的顺利完工大大地提高了公司工程项目管理水平，为公司今后承接大型项目积累了宝贵的经验，锻炼了队伍（图7～图9）。当然在施工过程中也存在诸多不足，例如如何节省施工成本，在工期紧、任务重的情况下如何保质保量的完成工作内容等都需要我们在今后的项目管理中提高。我们将在此工程中吸取教训、总结经验，不断改进施工方法，完善管理制度，争取创造更好的成绩。

图 7　施工现场 1

图 8　施工现场 2

图 9　施工现场 3

立体花园连成走廊，屋顶绿化变美大兴
——大兴区屋顶绿化建设工程（二标段）

设计单位：北京亚格筑景规划设计有限公司
施工单位：北京市首发天人生态景观有限公司
工程地点：北京市大兴区
开工时间：2015 年 5 月 10 日
竣工时间：2015 年 10 月 20 日
建设规模：7443.22m²
本文作者：梁燕宁　北京市首发天人生态景观有限公司　工程事业部副经理

一、工程概况

大兴区屋顶绿化建设工程（二标段）位于北京市大兴区黄村，涉及大兴区政法委、统计局、规划局办公楼、建设大厦、科技大厦、大兴区委党校、北京小学翡翠城分校七个施工地点 21 个屋面。实际完工面积 7443.22m²。施工内容包括绿化种植工程、园林景观构筑物及其他造景工程、园林铺地工程、园林喷灌工程、园林用电工程（图 1）。

二、工程理念

以建设"美丽大兴"为总体目标，以公共机构建筑屋顶为重点，以经营企业建筑屋顶为补充，积极推进大兴核心区屋顶绿化，打造以兴丰大街、兴华大街、兴业大街为轴线，南至林校北路，北至北兴路的"空中立体花园走廊"。

设计风格简洁大方，提倡节约型屋顶绿化，所设置园林元素充分发挥其必要作用，避免奢侈浪费。设计材料及做法方式采用环保和高性价比方式，在保证其安全、质量、功能的情况下尽量提高景观效果，降低成本。植物尽量选

图 1　竣工效果 1

择乡土树种，及在屋面表现良好的植物品种，配合不同位置的特殊情况搭配适宜其生长的植物品种，为植物尽可能的提供自然生长条件，降低更换养护的成本（图2）。通过合理的设置布局，在满足安全、功能、节约等条件下，提高屋顶景观的多面（鸟瞰、人视）观赏要求。

图2 植物栽植

三、工程的重点及难点

因屋顶花园处于高层建筑楼顶，小气候变化情况比地面更为复杂，导致绿化养护难度增加不少，屋顶花园的冬季养护成为整个养护时期最为关键的阶段。冬季防寒，以植物防寒为主，针对不同的苗木特点，采用不同的防寒方式。灌木球采用方木框架做支撑，外被无纺布密封，再用铁丝牵拉固定的方式进行防寒；小灌木采用毡条和无纺布缠干的方式进行防寒；地被采用无纺布覆盖防寒（图3）。冬季防寒还应特别注意对绿化喷灌管的保护，为防止管道内水在结冰时体积膨大导致管道冻裂，在浇完水之后应及时泄水，将管道排空，避免管道

图3 植物冬季防寒

系统被冻坏。

本项目施工屋面全部是既有建筑屋面的改造，多数屋面使用年限已经达到20年左右，建筑使用时间较长，屋面状况比较复杂（图4～图6）。屋面承重能力普遍较低，多数荷载是在1.0～1.5 kN/㎡之间，少数达到2～3kN/㎡。防水层现状较差，SBS防水层普遍无保护层，老化、破损、空鼓等问题较为严重，已不能有效防水；部分SBS防水有硬质铺装保护层，但保护层风化严重。屋面上设施较多，如排气孔、空调基座、简易种植槽、管线等。针对既有建筑屋面的这些特点，公司采用了一系列针对性解决措施，具体如下：

1. 屋面荷载低

针对屋面承重能力普遍较低的特点，公司

图 4　既有建筑屋面原貌 1

图 5　既有建筑屋面原貌 2

图 6　既有建筑屋面原貌 3

从材料选择、运输、堆放、施工等环节采取多种措施保障承重安全。

园路的垫层施工时，混凝土中加入陶粒，降低混凝土自重（图7）。绿化回填的种植基

图 7　园路施工

质采用水饱和容重较低的无机轻型基质（宝绿素），降低种植基质的自重。材料吊运时，及时分散，不在屋面集中堆放；施工中产生的渣土、下脚料装袋后分散堆放，使荷载分布均匀；渣土、下脚料等施工垃圾及时运输下楼，减轻屋面施工荷载。混凝土保护层控制在 20mm 左右，个别平整度差的屋面，保护层需要加厚的地方，在混凝土中加入陶粒，降低混凝土自重。绿化种植时小型乔木栽植到建筑承重柱、承重梁等承重能力强的位置。

2. 防水层现状较差

针对既有防水层不能有效防水的情况，公司先根据既有防水层具体情况进行拆除或做修补处理，再采取 3+4 SBS Ⅱ 型防水卷材的方式进行防水，即下道设置一层 3mmSBS Ⅱ 型防水层，上道设置一层 4mmSBS Ⅱ 型耐根穿刺防水层。保护层风化严重的屋面，公司拆除风化保护层，对既有防水层进行修补处理后，采取 3+4 SBS Ⅱ 型防水卷材的方式进行防水。保护层现状完好的屋面，公司采用 PVC 耐根穿刺防水层代替 SBS 耐根穿刺防水层，解决

图 8　粘贴防水卷材

图 9　满铺排蓄水板

SBS防水层与釉面砖粘结不牢固的问题（图8）。

3. 屋面设施较多

屋面上设施影响施工的，通过与各业主单位进行协商，进行拆除或挪移。挪移设施待施工结束后进行恢复。恢复时，公司派专人进行现场监督，做好成品保护，确保已完工程不受破坏。

四、新技术、新材料、新工艺的应用

1. 屋面排水

为保障屋面排水的迅速、通畅，公司遵循不改变原屋面排水形式的原则，主要采用满铺排蓄水板的措施，确保屋面排水通道的完整性（图9）；同时辅以其他措施保证局部排水顺畅，如：扩凿雨水口、园路垫层增加排水孔、绿地围挡预留排水孔洞、种质基质内设置排水管、室内地坪低于屋顶花园的入口处增设排水沟。

2. 苗木支撑

对于小型乔木，栽植前在开挖好的种植穴内铺设方形钢筋网拍，然后将植株置于钢筋网拍上，将植株用钢丝绳牵拉固定到钢筋网拍上，最后回填、踏实宝绿素。

3. 成品保护

混凝土进行洒水养护均不少于7d。绿化栽植后，每天巡查植物生长状况，保证浇足浇透；缓苗后根据种植基质的干湿状况，每周补水1～2次。夏季雨水集中的时期，每周对现场进行2～3次巡视，并进行雨前、雨中、雨后巡视，查看雨水口是否有淤堵、屋面上是否有积水等情况，发现问题及时处理。

4. 安全防火

SBS防水卷材采用的是热熔的方式铺设，施工时需使用喷灯，安全防火显得尤为重要。防水层铺设的防火工作主要有以下几个方面：施工班组入场后先清理屋面可燃物，再进行施工；施工过程中，合理安排作业面，避免交叉作业，防止输气管道被引燃；基层处理剂涂刷完毕，达到干燥程度方可进行热熔施工，以避免失火；施工现场配备灭火器，进行应急演练，以便发生紧急情况时，现场人员能够及时处理。

因天气原因，屋顶花园在冬季期间很少有人去休憩娱乐。在天气干燥的情况下，苗木防寒材料都是易燃物品，尤其是在春节期间，燃放烟花频繁，这就需要做好防火工作。屋顶绿化防火主要采取两种方式：一是对植物外的防寒材料喷水，使其表面结成一层薄冰，以减少火灾发生的可能性；二是加强巡视管理工作，特别是在除夕夜间放烟花时段，设专人看护，以便在火灾刚发生时及时处理，避免导致严重后果。

五、结语

本工程施工完成后，施工质量和景观效果受到大兴区园林局的高度认可。竣工验收后，

公司安排具有丰富养护经验的人员进行现场养护。养护过程中，及时进行除杂草、修剪干枯枝、浇水、补植、病虫害防治、园路保洁等养护工作，景观效果达到了设计要求，成功的打造了大兴核心区的"空中立体花园走廊"（图10、图11）。

图10 竣工效果2

图11 竣工效果3

先浅后深有序施工，分区分段无缝衔接
——园博会梦唐园改造项目

设计单位：北京山水心源景观设计院有限公司
施工单位：创景园林建设有限公司
工程地点：北京市丰台区园博园内
开工时间：2015 年 4 月 15 日
竣工时间：2015 年 5 月 29 日
建设规模：7917m²
本文作者：顾琴霞　创景园林建设有限公司　总经理，高级工程师

一、工程概况

本项目位于北京市丰台区园博园内，由政府投资进行建设，工程于 2015 年 4 月 15 日开工，主要内容包括绿化种植、园林小品、园路、假山跌水、人工湖、景石驳岸及自然山石、枯山水等景观工程（图 1 ～图 4）。

图 1　竣工实景 1

二、工程理念

作为园博园的组成部分，本工程建成后对促进城市及城市地区建设、完善城市绿地系统、调整优化城市产业结构，带动旅游业发展，促进就业、提升城市文化内涵都具有深远的影响；对实现北京地区高标准的生态体系、高效益的产业体系、高水平的安全体系、高品位的文化

图 2　竣工实景 2

图 3　竣工实景 3

图 4　竣工实景 4

体系、高效率的服务体系建设发挥积极的作用。

三、工程的重点及难点

1. 绿化工程

（1）绿化工程完成情况：栽植乔木 233 株、灌木 3463 株、花卉 292 株、竹子 1450 株，种植草坪 4176.3m²，完成率 100%。

（2）建设质量和成效：新植乔木成活率 100%，灌木成活率 100%，竹子及花卉成活率 100%，草坪成活率 100%，栽植品种、规格、

数量符合设计及变更图纸要求。树木树型丰满美观、生长健壮，没有裸露地面和斑秃，景观效果好，以优质工程为建设标准。

（3）养护质量：按照养护方案和技术交底，适时及时进行浇水、施肥、松土、除草、修剪、支撑、病虫害防治等各项养护管理工作，并设专人跟踪检查落实。全园树木长势良好、无病虫害，绿地整洁卫生、无杂草，养护成活率高，景观效果好，达到了北京市绿地特级养护标准。

2. 景观工程

景观工程完成情况：完成园林小品、园路、假山跌水、人工湖、景石驳岸及自然山石、枯山水施工，完成率 100%（图 6～图 10）。

图 6　假山跌水基础钢筋布置

图 7　桥结构钢筋

图 8 人工湖基础钢筋

图 9 人工湖基础夯实

图 10 人工湖基础开挖

景观工程各项设施符合施工设计图纸、变更图纸及规范要求，运行良好，使用正常，竣工验收自查合格率 100%。

公司根据本工程的特点和难点，成立了施工经验丰富、各种专业技术人员齐备的项目经理部，并组织了专业的绿化、土建、给排水施

工队伍。施工管理以项目部为核心，以施工班组为管理单元，围绕确保质量、工期、安全、环保等各项目标的圆满完成进行开展。

主要工程施工技术方法及控制要点有：本着"先地下、后地上""先深后浅"的施工原则，针对不同位置、不同专业，实行分区分段流水作业。施工顺序为：先景观小品工程后绿化工程。

四、工程项目管理经验

1. 施工质量综合评定

本工程实行项目经理负责制，实行全面、全责、全过程质量管理。在施工过程中，按照图纸及国家技术规范，按照监理质量监控程序，对各个分部分项工程现场质量进行严格把关，按照施工进度计划在规定的工期内完成了全部工程内容。由于有完善的质保体系，严格的检验程序和监理、业主及有关单位的指导、配合，工程达到了合同质量要求和施工验收规范要求。

根据国家统一标准及施工验收规范，各个分部分项工程施工过程、外观质量等符合要求、质量合格，施工质量保证资料齐全，单位工程质量综合评定为合格。

2. 档案管理

项目建设相关资料，包括工程项目设计、施工招投标文件，施工图和竣工图，合同文件，工程预结算书，工作总结，资金支付，相关图片、声影像等档案资料齐全，由专人统一进行

管理和归档。

施工资料由专职资料员进行收发、整理、填报，资料准确真实、规范完整，统一管理、集中归档。施工资料包括：施工组织设计，图纸会审记录，技术交底记录，物资进场报验，原材料、半成品、构配件合格证及复试报告，施工记录，测量复核记录，隐蔽工程验收记录，工程质量检验评定记录，分部分项工程验收记录，工程联系单，工程变更洽商记录，工程量确认单，施工总结，各项管理制度，合同文件，预结算文件，资金报审文件等施工过程完整资料。

3. 资金使用管理

资金实行专户管理，单独建账、单独核算，专款专用，建设资金拨付和使用按照规定和流程进行，符合国家投资资金管理规定。

五、结语

园博会梦唐园改造项目自 2015 年 4 月 15 日开工以来，在建设单位、监理单位、设计单位及其他各相关单位的大力支持和配合下，施工单位依据项目批复文件、设计及变更图纸、招投标文件、合同条款、施工验收规范、施工组织设计等合理安排各项施工，按照施工方案在质量、进度、安全方面严格把关，按照验收规范及标准组织检查和验收，完成了全部施工任务，保证了国家投资取得良好的建设成效。

见缝插针推进土方，定点放线栽植苗木

——中都科技大厦园林景观工程

设计单位：北京北林先进生态环保技术研究院有限公司

施工单位：北京市中宏晓月园林绿化工程有限公司

工程地点：北京市丰台区卢沟桥乡西四环南路 35 号

开工时间：2017 年 3 月 1 日

竣工时间：2017 年 5 月 25 日

建设规模：7040.41m²

本文作者：吴胜明　北京市中宏晓月园林绿化工程有限公司　工程师

一、工程概况

中都科技大厦园林景观工程位于北京市丰台区卢沟桥乡西四环南路 35 号，建设规模约 7040.41m²，自 2017 年 3 月开工进入场地施工以来，项目部本着以"创造优质工程、品牌工程"为宗旨，全体项目人员以认真负责、精益求精的严谨态度和娴熟精湛的施工工艺，力争创造出高品质的园林绿化景观工程。

二、工程的重点及难点

由于本工程地块所属区域的特殊性以及与其他现场施工单位交叉作业等主要因素，成为本项目需要有针对性地专项解决的重难点。丰台区地处华北大平原北部，季风显著，施工期正处于春季，大风天气较多并且近几年冬春季

常伴雾霾天气，再者开工时间正好处于两会召开期间，综合以上因素可知施工进度将大幅度减缓；且部分区域及分项工程面临无法在规定时间内能顺利交付的可能，在进行施工时，工作面不完全具备，存在与小市政、消防、燃气等其他室外施工单位交叉作业的情况。基于以上施工情况分析，我方采取见缝插针的施工原则，在有限的工作区域、有限的施工时间及条件下，时常关注天气，存在安全隐患天气不施工保安全，制订动态劳动力计划，启动备用班组，昼夜施工；专人协调配合交叉单位，争取时间，力保工程总进度。

三、施工过程

项目部根据业主、监理的指导，规范施工，各个程序、各个环节严格按照施工规范进行，

进行，并对施工过程发现的问题及时进行整改，随时进行与项目各单位的沟通，有次序、有条理、有依据，保质保量地完成工程（图1～图8）。

图1 东侧施工原貌

图2 东侧竣工效果

图3 南侧施工原貌　　　　图4 南侧施工效果

图 5　西侧施工原貌

图 6　西侧竣工效果

图 7 北侧施工原貌　　　　　　　　　　　图 8 北侧施工效果

1. 清理转运垃圾、回填土方工程施工

种植土是园林绿化工程的最基础工序，种植土的优劣，直接影响整个工程的质量。公司严把种植土的质量关，保证种植土是园土，且富含有机质、团粒结构完好、具有良好的通气、透水和保肥能力，土壤酸碱度（pH 值）应在 6～7 之间，干燥土密度应小于 $1200kg/m^3$，种植土中不含有黏土或类似黏土及粗砂、石头、土块、杂草、有害种子及其他物件，保证种植土的整体成分与结构的一致。

由于现场存在部分垃圾，原土为建筑渣土，不适合做绿化种植用土，公司清理渣土并回填种植土，把垃圾转运出施工现场，然后回填富含有机质的土来做绿化种植土，保证种植土深

图 10 回填土

度在 1200cm 以上（图 9、图 10）。

（1）土方回填

进行土方回填过程中每层按规定标准频率取样进行实验且达到密实度的要求，填土段派专职检查人员进行旁站监督，一旦发现填土中不规范因素，并及时给予纠正，负责该段填土的旁站监督人做好回填记录，并给予签字，终身负责该段工程质量。

（2）土方回填技术要点

根据填方面积合理控制卸土密度，推土机摊土整平稳定，振动压路机碾压，对已碾压好的填土地段，及时取样试验，满足设计要求的密实度。填土时做好高程控制，以避免多填，

图 9 清理渣土

造成人力、物力的浪费。

2. 建筑结构分部的施工

（1）测量放样

本工程的测量放样按照《工程测量规范（附条文说明）》（GB 50026—2007）标准实施。根据测量工作实施办法，本工地上所用测量仪器及钢尺均按规定时间内由专业计量检测单位检测，禁止使用黑量具。

（2）轴线定位测量

对业主提供的坐标点进行了加固保护，确保施工过程中能随时用来校正建筑的轴线控制线。从施工图上看出，需先放出各园路广场的平面位置，再引测出构筑物位置。

轴线桩采用 100mm×100mm×1000mm 的方木桩，打入地表土层，露出地表土层 200～300mm，并用 C15 混凝土捣实，桩面钉 Φ3mm 的不锈钢钉作为控制点标记。

每一次轴线引测均进行自检及专人复核，减少测量中的偶然误差，并做成书面记录，以供可追溯。

（3）基础施工

根据基础平面图及大样图，按建（构）筑物的轴线定位，连接相应的轴线，计算开挖放坡坡度，定出开挖边线位置。用水准仪把相应的标高引测到水平桩或轴线桩上，并画标高标记。

基坑开挖完成后，即进行级配碎石垫层或混凝土垫层的施工（图11）。

（4）级配碎石垫层的施工

级配碎石垫层所用材料，采用颗粒级配良好碎石。施工前验槽，基槽的边坡稳定，槽底

图 11　垫层浇筑

和两侧有孔洞、沟、井等加以填实。垫层分层铺垫，分层夯（压）实，用平板振捣器反复振捣，往复次数以简易测定密实度合格为准。

（5）基础混凝土浇捣

在混凝土浇捣前，钢筋经有关人员检查验收合格后才进行浇捣，并在竖向钢筋上用水准仪统一找平 0.5m 并用红漆做好标记。

振捣基础时，插入式震动机各插点均匀排列，插点间距不超过 50cm，每层混凝土的厚度控制在 40cm 左右，做到快插慢拔，使上下混凝土紧密结合。

混凝土浇筑完成后再复核柱子插筋的角度是否正确，如有走动，立即进行校正。

（6）构筑物结构施工

施工前需将轴线逐一复测，在基础顶上进行弹线，并将墙线弹出，便于支模和砌筑。

砌筑材质为 60mm 厚砖，规格是 120mm×240mm，砌筑前提前对砖进行浇水湿润，保证砖湿润面积在 15% 左右，严禁干体上墙。砌体砌筑采用"三一"方法砌筑，每层前四皮砖

2019 中国园林古建筑精品工程项目集

均应先摆砖，以及练习十字角、丁字角240mm与120mm交接的组砌方法（图12）。

3. 园路广场铺装工程和路牙石的施工

（1）铺装工序：清理地面—弹中心线—安放标准块—试拼—铺贴—养护—嵌缝—清洗。①地面浮渣清理干净；②找出施工面四周的中心，弹出中心线，由标准标高线挂出地面标高线；③整批石材到货后，需先挑选石材色差、对角、大小、尺寸不一的，统一安排后方能正式铺贴；铺装石材表面不得有隐伤、风化等缺陷，不得采用易褪色的材料包装；④石材表面平整，几何尺寸准确，表面石粒均匀、洁净、颜色一致；⑤安放标准块，用水平尺和角尺校正无误；⑥图案拼花和纹理走向清晰的石材要试拼，满意后再正式拼贴；⑦一般地面从中间向四周铺贴（花岗石的铺装是在素土夯实的基础上，部分200mm的级配碎石夯实，200mm厚的C20混凝土浇筑，30～50mm厚的1：2水泥砂浆粘结层，铺装材料根据设计图纸选择）；⑧汀步铺装是在素土夯实的基础上，200mm厚的级配碎石夯实，150mm厚的C15素混凝土，50mm厚的1：2水泥砂浆粘结层，铺装面层材料为50mm厚灰色花岗岩；⑨在铺装花砖时，水泥浆涂抹在材料背面，安放时必须四角同时落下，用橡皮锤敲击平实，缝隙顺直且小于1mm；⑩铺好的地面在2～3d内禁止上人，素水泥或勾缝剂嵌缝，表面应清洁干净（图13～图19）。

（2）路牙石的安装是在铺装的水泥砂浆粘接层上直接放置。

图14　凹型廊架防腐木施工　　图15　条形水景基础

图16　旗杆台基础　　图17　不锈钢水池安装

图12　种植池砌筑　　图13　凹型廊架及水池基础、防水

图 18　不锈钢隐形井盖安装

图 19　不锈钢隐形井盖安装

4. 绿化工程施工

（1）种植地细整

种植地细整工作是绿化工程的一项很重要的环节，因为这项工作不到位，直接影响土方验收、苗木栽植以及最后的草坪种植工作，种植地细整分为机械整地和人工整地。

种植地细整具体程序为：首先用挖掘机根据设计标高的木桩粗略平整，然后用人工采取拉网式平整场地、清理石头等垃圾，最后用人工进行土质细整。

（2）定点放线、苗木栽植（图 20～图 23）

公司派多年从事放线工作的技术员在现场做指导工作，各技术员也都是有丰富实践经验的，进行专人专项工作，确保施工效果。

图 20　东侧苗木栽植

图 21　绿篱栽植

图 22　海枣及蒲葵栽植

图 23　草坪铺设

具体操作方法：采用网格定点放线，每10m放一条线，这样确保定点的准确性，放线采用勾股定理定出直角，用坐标柱的方法定出栽植点或栽植轮廓顶点、拐点。苗木栽植的前提是树穴挖掘、苗木购买的问题，公司制作了各种规格的框架，在各点上用滑石粉定出轮廓，专人负责检查树穴深度，以使树穴达到规格。

苗木栽植的前提是树穴挖掘、苗木购买的问题。在购买苗木的时候，购买地和工地两次验收，对不合规格和指标的苗木作退货处理，并每次都请监理现场验收，以确保苗木的各项指标达到施工规范及设计需求。

在苗木栽植工作中，为使现有的苗木成活并营造出最美的景观效果来，对各个工种进行培训上岗，并让技术员对在各个环节的工种进行技术交底。

四、结语

由公司承建的中都科技大厦园林景观工程，施工总面积7040.41m²，增项面积1045m²，完成的工程总量如下：清理渣土8000余m³，回填优良土方10000余m³，经验收达到设计标高。绿化子单位工程共栽植乔木321株，其中引进规格（胸径20cm以上）乔木100余株，花灌木1400余m²；并引进在西北地区生长的茶条槭29株，不惜成本对其进行驯化栽植；地被绿化3000余m²；园林建筑及辅助设施：生态停车场2处，凹形廊架（防腐木结构及巴劳木座凳）两处，中轴广场，条形水景1座，方形水景两座，旗杆台两座，绿地汀步，木平台，种植池，LOGO景墙等。所完成的土方、土建工作及苗木栽植工作均达到工程要求总量，各方反馈良好。

滨水公园景观连连，文化廊道历史悠悠
——莲花河滨水公园景观提升工程（一期）

设计单位：北京山水心源景观设计院有限公司
施工单位：北京市绿美园林工程服务中心
工程地点：北京市莲花河（广外大街至红莲南路）西岸
开工时间：2015 年 7 月 1 日
竣工时间：2015 年 11 月 27 日
建设规模：约 1215 万 m²
本文作者：翁　楠　北京市绿美园林工程服务中心　副经理

HISTORIC BUILDING GARDEN

一、工程概况

　　莲花河滨水公园景观提升工程，北起北京市广莲路与南蜂窝路交叉口，南至西城区界，全长约 2.4km，占地约 12.5 万 m²。建设内容主要包括：绿化工程，土建工程，喷灌及水利用工程，景观照明、监控、广播及无线网络工程，雕塑、小品、标识等工程。该项目于 2015 年 7 月开工建设，2015 年 11 月底竣工（图 1 ～图 10）。

图 1　施工前

二、工程理念

　　"滨水绿廊"，通俗地说就是沿着河流水系的绿色廊道。北京中心城区滨水绿道的规划建设，是北京市全面建设国际化现代大都市的重要举措。"中心城区滨水绿廊"的规划建设，有助于完善城市绿地系统的结构体系，有效降低城市热岛效应，改善城市生态环境，实现城

图 2　竣工图 1

市居民低碳生活、绿色出行、休闲旅游，对提高居民生活幸福指数、推动园林事业发展起到积极作用。

三、工程重点

在保留原有大树的基础上新植乔木1668株、新植灌木3866株，色带2166.35m²，花卉8245.49m²，增加绿化面积2.5m²，丰富园林景观，改善生态环境。通过绿色、节能的灯光照明系统，打造一道"水线珍珠、绽放光彩"的靓丽风景线。通过滨水绿廊建设将沿岸众多重要的历史文化古迹串联在一起，形成一条展现古都史迹的历史文化廊道。新建改建景观平台5组和休闲驿站4座。沿河公园内设置wifi接入点，增设监控设施和广播系统。结合绿道建设治理沿河两岸的城市管理盲点，营造一种综合管理、协调发展的新模式。

1. 提升景观品质，改善生态环境

绿道改造项目采取对河道护坡降低或抬高的手法，避免现状堡坎不利种植的情况，增加种植空间，降低局部堡坎的硬质感；通过增加连通树池，增加绿量，增加大乔，增加水生植物品种，丰富植物层次和物种多样性，形成稳定的植物群落，丰富绿道园林景观。同时结合空间的拓展，新建改建景观平台5组，方便了市民近距离地观赏河岸景观。在土建方面，铺装总面积33031.09m²，其中新增休闲广场面积28149m²，安装各种栏杆2695.5延长米。在绿地挖潜方面，通过人行便道的改造和观景平台

图4　施工图2

图3　施工图1

图5　施工图3

图 6　施工图 4

图 7　施工图 5

图 8　施工图 6

的增设，新增绿地 25136.92m²。

2. 挖掘文化底蕴，尽展莲花河新颜

本着对莲花河历史文化资源的保护利用，通过对河道两侧历史文化的挖掘，以"一河""两带""五景"作为整个"绿道"的景观构架，运用园林手法，通过滨水绿道将沿岸

重要的历史文化古迹有机地串联在一起，使"绿道"成为一条承载京城史迹的历史文化廊道，让市民在游览绿道的同时，感受古都北京悠久的历史变迁。

据史料记载，莲花河属凉水河水系，自战国、西汉乃至金、元、明、清都有记载。东汉"云台 28 将"之一的铫期到北方作战，常在此洗马歇息，故莲花河古称"洗马沟"，在金代正式更名为莲花河，是早期金中都城的主要供水水系，对北京城的形成和发展有着极为重要的作用。在新中国成立后，随着北京城市的建设和发展，莲花河两岸环境和生活模式发生了巨大变化，由当初的芦苇、湿地变为钢厂、菜畦，再变为如今的车水马龙、高楼林立，留下了无数人儿时的记忆。因此，此次绿道建设中，突出地域历史与文化特色的景观设计，通过特定时代背景下的文化符号，唤起人们对于历史、对于这片土地的记忆。

3. 打造慢行系统，引导健康生活

绿道建设为放慢城市生活节奏、倡导绿色出行理念提供了很好的环境载体。通过沿河规划建设的 1.3kg 自行车骑行线路，有机地将慢行系统与"绿道"建设相融合，使"绿道"在

图 9　竣工图 2

充分发挥生态景观功能的同时，营造出优美、休闲、健康的绿化慢行空间，让市民感受慢节奏生活带来的舒适与安逸。

4. 建设配套设施，服务百姓生活

莲花河滨水公园景观提升工程（一期）以打造集游憩、健身、游览为一体的健康绿道为目标，新建改建平台5组和4座休闲驿站。休闲驿站是绿道必不可少的配套设施，是市民的休憩场所，也是管理服务中心，下一步计划引入公共图书阅览、商业、服务等配套设施，并将自行车停靠点安置在平台和驿站附近，为自行车骑行提供便利。公司还在观景平台、驿站和沿河公园内设置了wifi接入点，方便游人上网，实现信息化服务，同时结合监控设施增设了广播系统，平时播放通知和轻音乐等，营造轻松和谐的氛围，方便游人游览，改善了市民休闲环境和休闲方式。

图 10　竣工图 3

软景硬景完美融合，植物金属和谐共生

——香河机器人产业港项目一期景观工程

设计单位：北京易景道景观设计工程有限公司

施工单位：北京碧洲园林景观工程有限公司

工程地点：河北省廊坊市香河经济开发区工业园区

开工时间：2015 年 7 月 20 日

竣工时间：2015 年 11 月 18 日

建设规模：21548.14m²

本文作者：李　利　北京碧洲园林景观工程有限公司　园林中级工程师

　　　　　龙　莹　北京碧洲园林景观工程有限公司　园林中级工程师

一、工程概况

香河县政府在京津冀协同发展的大背景下，依托京津的高科技优势建立了机器人产业港。产业港采用 PPP 模式引进华夏幸福基业进行建设管理，由北京碧洲园林景观工程有限公司进行绿化景观的全部施工，包括：示范区内造型工程、绿化种植工程、硬质铺装工程、景观小品工程、喷泉水景、绿化给排水工程、景观照明工程（图 1～图 11）。

二、工程理念

本项目致力于绿色办公、产业新城的理念，按照生态化、园林化标准对园区进行的整体设计。时尚、大气的厂房，块状分割、错落有致，

图 1　工程原貌图

图 2　工程竣工效果 1

图 3　工程竣工效果 2

其间由石子小径相连，两侧绿树成荫、花草流香。尤为突出的是具有鲜明主题性的机器人涂鸦、机器人垃圾桶、机器人立体花坛等景观小品，兼具实用功能的同时，颇为生动，融情入景。

三、工程重点

在本工程施工中严格按照工艺顺序和行业标准，整地标准很高，与围墙、道牙衔接形成无缝衔接。主要栽植方式为行道树，凸显整个厂区的框架结构；白蜡树阵，造景整齐有序，防风、防尘降噪；样板间多层次栽植，乔木、灌木、花草的合理组合，营造出自然稳定的植物群落。

图 4　施工过程 1

四、新技术、新材料、新工艺的应用

TM 透水路缘是采用 TM 工程塑料注塑挤压成型的一种新型路缘和路用模板，是用于连续而流畅的曲线式混凝土路面或砖石铺装最理想的边缘固定产品。该路缘是 60cm 长、两端

图 5　施工过程 2

带有公母榫槽的、截面为"L"形、触地面设计有非连续固定孔的、可任意弯曲的工程塑料制品。公母榫槽可使任意两根路缘方便而牢固的拼接，无需任何外用材料即可实现无限延长。

TM透水路缘的特点：

（1）适用于各种材质的分区铺装及草皮分割等，轻松实现直线、任意弧线形路面制作；

（2）草皮可在其开孔处无间隔满铺生长，硬质和软景无缝衔接；（3）坚固、安装稳固，可循环利用；（4）产品含隐形导水槽，任何透水材料铺装的渗透水可在路缘两侧实现自由沟通，无需任何措施按正常安装即可实现透水。

图6　施工过程3

图7　施工过程4

图8　施工过程5

图9　施工过程6

五、结语

　　建成后的整个园区，清新脱俗，完全摆脱了大众印象中工厂的沉闷概念，俨然一个环境优雅的高品质生活厂区。进入厂区首先映入眼帘的是整齐排列在大片草坪之上的白蜡树阵，透过树阵隐约可见穿梭在内的景观艺术小品，其不锈钢镜面上映射出环境的涟漪，在林与草之间、在光与影之下，灵动之感被演绎的淋漓尽致。步入其中，脚下的大面积草坪不仅仅将整个建筑烘托于绿色之上，并且融建筑入景，通过简单的石材线条划分整片草坪，有规则的交替，有韵律的变换，既打破了常规的概念，又使得软景和硬景完美融合在一起。值得一提的是建筑和草坪的边缘通过塑木搭建休闲平台，它的材质柔和转折，将园林与景观连成一体，使阳光与美景、建筑物呈完美的融合，激发无限的创想活力，完美地营造出一个优美舒适的人性化商务办公环境。

图 10　工程竣工效果 3

图 11　工程竣工效果 4

突破传统合围成院，巧用花期营造景观

——重庆金茂珑悦项目二期景观工程

设计单位：重庆日清城市景观设计有限公司

施工单位：盛景国信（北京）生态园林有限公司（远洋园林工程有限公司）

工程地点：重庆市九龙坡区袁茄路 151 号

开工时间：2014 年 8 月 8 日

竣工时间：2015 年 5 月 26 日

建设规模：20396m²

本文作者：李景山　盛景国信（北京）生态园林有限公司　项目经理

　　　　　张豆豆　盛景国信（北京）生态园林有限公司　品牌专员

一、工程概况

本工程施工面积 2 万 m²，其中绿化面积约 11000m²，土建面积 9000 余 m²，是一项包括地形处理、树木种植、廊架、小品、广场、平台、园路及给排水、电气安装等诸多分项工程施工在内的综合性工程。

二、工程理念

1. 设计理念及原则

根据金茂珑悦项目的总体规划，二期景观工程是提高整个项目品质的重要组成部分。本工程参照重庆地区气候特色及人们生活习惯等因素，突破传统的建筑设计，住宅采用合围排列，形成极富院落感的整体形象。设计核心理念为"营造恬静悠闲、热情奔放、浪漫惬意、自由轻松的生活氛围"，实现"简朴、优雅、自然、和谐的家园"。景观设计主要遵循以下三个原则。

（1）生态性原则：通过有机植物生物群落的合理构建，进行精心的植物配置，符合住宅区绿化要求，发挥植物的综合生态环境效应，突出美化环境、隔离、防噪的功能。

（2）以人为本原则：尊重住宅区绿化的要求，选择合适的树种，尽可能多的为住户提供便利。

（3）因地制宜原则：在兼顾环境因素、考虑因地制宜建设整体环境的前提下，分割高差，使人们在视觉上有一定缓冲，达到丰富景观层次的效果。

2. 重要节点空间景观设计手法

（1）入口及轴线景观：采用阵列的栽植方式，突出轴线的序列美感，用不同的植物品种表达场地空间的独特性（图 1～图 7）。

图 1　工程原貌

图 2　主入口施工过程

图 3　主入口水景区结构施工

图 4　主入口水景区防水施工

图 5　主入口面层铺装施工

图6 主入口竣工效果图

图7 主入口观景平台

（2）组团绿地景观：开敞的草坪，层次丰富的植物群落，以常绿植物为主，搭配适量的芳香、开花色叶植物，形成疏密有致，绚丽多彩的植物景观（图8～图10）。

（3）入户空间景观：用不同品种的乔木表现每个入户空间的独特性，在不影响消防的前提下，用层次丰富、造型优美的灌木线打造

图9 幼儿园挡墙前的植物配置

图8 16号楼前绿化及园路

图10 7号楼周边绿化环境

精致入户景观。

（4）运动停车区域景观：以简洁整齐、低造价为主。

三、工程的重点及难点

1．工程特点及难点

（1）园林施工多位于车库顶板之上的土方回填区，回填土高度达1.5m至2.5m，局部区域土方回填厚度高达5m。因此，对园林施工工艺提出了高要求。

（2）交叉施工多

本工程施工单位较多，各专业施工单位共计十多家，总包及其他单位的施工进度经常会对公司造成不利影响，影响施工进度，造成节点抢工。

（3）气候条件复杂

开工之初，重庆正值炎热夏季，对于植物种植具有一定挑战性，尤其是大乔木。施工过程又经历了雨季，雨季施工对安全性和工程成品保护都提出了很高要求。

2．施工过程重要控制点

（1）抓好隐蔽工程质量

隐蔽工程的施工质量是衡量施工单位技术力量的试金石，尤其是土建基础及管网管线。对关键的施工部位，如主入口岗亭、水景等高回填区域，提前进行浸水夯实，避免出现沉降现象。

大树树穴开挖也是隐蔽工程。为保证树木成活，每棵大树的树穴都严格按照规范进行开挖。挖除树穴内影响大树生长的碱性土壤，在穴底填入通气、透水的疏松土壤，并埋设渗水管，以防多雨季节造成树穴内积水。

（2）精雕细琢，抓好铺装面层施工

在面层施工中，对重点区域铺装面层、干挂面层提前进行排版深化，保证石材整齐对缝，铺装效果精致美观。施工中严格检查，保证面层铺装坡度、厚度、标高、平整度等均符合设计要求，进而呈现良好的面层铺贴效果（图11、图12）。

（3）高度重视绿化工程

在工程开工之初，公司就对绿化工程予以高度重视，对现场施工提出高要求（图13、图14）。在绿化施工中，为充分体现设计意图并达到良好的景观效果，对以下两点进行重点把控。

① 地形营造

地形是园林的骨架。为营造合理、顺滑、

图11　园路基础施工

图12　园路混凝土垫层施工

图13　绿化草坪施工

图14　7#楼前茵茵绿草

流畅的地形，公司在施工中严格进行平面和高程控制测量，采用机械配合人工方法，细致地进行地形营造。本工程实行样板引路制度，绿化样板地形营造完毕后，请甲方及设计单位验收。针对效果不理想之处，公司在提出合理化建议的同时，积极进行地形的调整、修改和完善，确保最终呈现效果令甲方满意。

②大树栽植

为营造良好的景观效果，本工程大树移植全部要求全冠。因此，对大树的品质及移植施工都提出更高的要求，项目部对此予以高度重视。在项目实施之前，到成都及重庆周边区域落实苗木来源，均挑选长势良好、冠幅完整、树型丰满且生长在圃地的"熟苗"；同时，依据天气情况及施工进度要求，制订详细的苗木进场计划。在移植过程中，对起苗、运输、栽植等每个环节进行严格、细致的把控，采取修剪、浸穴、埋设通气、穴内垫土等措施，同时，

尽量做到"随挖、随运、随栽"。本工程乔木成活率最终达到97%。

（4）做好苗木养护工作。乔木栽植后，及时施作支撑，当天浇完定植水；次日通过导管给树体灌输营养液，为树体提供一定水分和养分。定植后，还要对树体进行一定量修剪，以降低蒸腾作用，减少水分蒸发；修剪时，主要减除树体内堂的过密枝、徒长枝、细弱枝等，保证树形不受影响。同时，采取缠干、裹无纺布和塑料膜等措施进行树体保温。

四、结语

本工程以再造自然生态为前提，以人与自然的和谐为目的，细致的绿化手法配合疏密结合的简练划分处理，符合现代人的生活和审美（图15、图16）。运用乔木、花灌木、地被的花期、花色、叶变色及枝干等各季节具有代表性植物来营造四季季象景观。绿化工程竣工后做到了住宅区内繁花迎春、林荫遮夏、金叶深秋、腊梅飘香的景观，使漫步其中的人们能与自然亲密接触，更能感受到四季景观的变化，享受泥土芬芳、花香飘逸、墅景情趣，犹如回到大自然的怀抱。

工程竣工后不但得到了业主单位的认可，还收获了小区业主和物业单位的赞扬，帮助小区业主交房活动圆满完成。同时，在公司2015年的项目联合检查中本项目综合成绩排名第一。

图 15　小区中庭全景俯瞰图

图 16　小区游泳池俯瞰图

绿化山体提升社区，精心施工造福居民
——海泰国际园林景观工程（一期）

设计单位：深圳市威瑟本景观设计有限公司
施工单位：天堂鸟建设集团有限公司
工程地点：赣州市崇义县迎宾大道 200 号海泰国际
开工时间：2016 年 1 月 8 日
竣工时间：2016 年 5 月 30 日
建设规模：40253m²
本文作者：蔡福兰　天堂鸟建设集团有限公司　高级工程师、项目经理
　　　　　孙平云　天堂鸟建设集团有限公司
　　　　　殷云芳　天堂鸟建设集团有限公司

一、工程概况

海泰国际园林景观工程（一期）位于赣州市崇义县迎宾大道 200 号海泰国际，项目于 2016 年 1 月 8 日开工，至 2016 年 5 月 30 日完工，包括土方工程、园路铺装、园林小品、景墙、水景、围墙、铁艺大门、车库坡道钢架雨棚、电气安装、顶板覆土、种植土、堆坡造型、排水系统，苗木供应种植养护及灌溉系统（园林给水及灌溉系统的供应、敷设、施工、调试及维护），小区内散水暗沟，红线外市政绿化带苗木的移植栽植及养护，绿植隐形井盖，灯座基础和雨水井等收边收口等工程（图 1～图 5）。

二、工程理念

本工程在精心打造时，致

图 1　休闲区景观鸟瞰

图 2　车库坡道钢架雨棚

图 3　铁艺护栏

图 4　消防栓

图 5　景观灯

程项目多，有较多园林建筑、园路广场铺装、水系、园林绿化等部分，施工交叉，相互影响，材料采购复杂。要充分考虑如何科学规划，合理安排施工，精确定位以及各部分自然衔接，还应考虑夏季施工措施和低温寒冷措施（图6～图9）。

图 6　儿童嬉戏区景观鸟瞰图

图 7　儿童游泳池

力为业主营造一个健康、绿色、休闲、温馨的高品质运动主题社区，让居民尽享绿色、生态的玫瑰人生，让运动融入生命的每一天。本工程主要特点是保留山体的打造，以及工

三、工程的重点及难点

山体绿化是本工程的重点和亮点，也是技术难点，山体绿化是以林木为主要材料，乔、灌、

图 8　欧式风情景观亭

图 9　景观树池

害、保护生物多样性、美化环境、维持生态平衡、保证生态建设具有重大意义（图 10 ～图 12）。

图 10　景观树池鸟瞰图

图 11　植物组团造景

图 12　主要树木

草统一配置、培育的绿化实体，是有效发挥生态效益、经济效益和社会效益的工程体系，是环境建设和生态建设的核心内容。减少自然灾

山体绿化主要是通过对深层和浅层的不稳定边坡治理，即对深层不稳定边坡，通常采用挡土墙、抗滑桩、长锚杆、锚索、锚索桩等工程措施施工治理；对浅层不稳定的边坡采用浆砌片石护坡、干砌片石护坡、喷射混凝土、灰浆抹面、喷锚护面等工程措施。对治理后达到安全稳定的边坡，再通过植物的生长达到安全、长期的绿色护坡效果（图13）。

图 13　种植穴槽挖掘

植物的护坡主要是依据坡面植物的地下根系及地上茎叶的作用护坡，其作用分为根系的力学效应和植物的水文效应两个方面。根系的力学效应分草本类植物根系（浅层根系）和木本类植物根系（中、深层根系）两种，植物的水文效应包括降雨截留、消弱溅蚀和抑制地表径流，从而起到护坡固土、绿化坡面、增加生态功能和美化环境的作用。

山体绿化复绿施工中，公司主要采用的是厚层基质客土喷播技术。厚层基材客土喷播复绿中最常用的专业技术为"BS 活性土壤生态修复技术"，是采用专业喷播设备将基材与植物种子的混合物按照设计厚度均匀喷射到需要防护的工程坡面的绿色护坡技术。通常采用先在岩石坡面上钉网（钉镀锌铁丝网、PVC 包塑铁丝网），然后再将复绿基材（包括由土壤基质、植物纤维、客土、有机肥、保水剂、粘合剂、植物种子等组成）喷射粘附到钉网的坡面上，通过植物的生长、根系的固结作用，从而达到绿化和护坡的目的。

绿化苗木种子采用与当地周边的乡土植物相结合，促进植物群落的演替及长期的稳定性；根据不同的绿化地段特点，种植、播种及喷播等多种工艺措施灵活运用相结合；乔、灌、草、藤相结合，土层深栽乔木，浅种灌草，底种攀爬植物、上植下挂，创造丰富的植物群落结构，同时符合植物的生长需要；落叶和常绿搭配相结合；深根系与浅根系植物相结合；局部与整体效果相结合；绿化与园林景观相结合；全面绿化与局部裸露有机运用；并要注重植物的抗性和适应性（图14）。

四、新材料、新技术、新工艺的应用

1. 新技术在园林工程中的应用

园林施工时，新技术不仅包含了新的施工技术和新的施工设备，更重要的新的施工理念。

图 14　微地形造景与自然融合

施工人员不但要做好主体施工，还要注意做到对园林内部环境的整体把握，要注意建筑施工和道路施工的同时，做好与周围灌木，山水，花鸟的呼应，以创造和谐的园林建筑氛围。另外，由于园林景观也是生态系统的一部分，施工人员在做好施工的同时，要保护好生态环境，比如重视现场排水系统，确保园林景观与生态环境能够得到长远发展（图 15～图 19）。

图 15　现代建筑与特色景墙融合一体

（1）液压喷播技术

液压喷播技术是应用于园林植草护坡的新技术，是借助施工机械加大喷射压力将其喷射

图 16　文化石景墙

图 17　特色花坛

图 18　银杏树阵小广场

图19　景观叠水

到需要植草护坡的坡面。这种技术因具有施工简便，施工工期短，性价比高等特点，被园林建设普遍接受。

做好园林地下管网的建设，地下管网担负着整个园区的灌溉和排水，在施工设计中要充分考虑好施工时机，避免重复施工，影响工程进度。地下管网分由多种管径管道组成，比如有主管，支管及毛管，通过阀门和相应管件的控制，将各级不同管道连成管网系统。现代灌溉系统常用的是PP-R聚丙烯管，其承压力随管壁厚度和管径的不同而变化，在施工时，施工人员要分清各个地方的承压力值，选用相对应的管道，避免以后因为水管爆裂挖开重新施工。

（2）园路铺装技术

园路铺装是园林景观中非常具有情趣的一部分，所以园路铺装工程也是园林景观建设的重点一步。近年来，小区园林工程常常使用透水面砖，现在在园林的一些休闲区域，游廊走道中常用一种透水砖，将其铺设在场地中，在

下雨时迅速将雨水导入地下，不仅防止了地上的内涝，而且增加地下水的含量，调节空气湿度（图20、图21）。

图20　吸水砖园路

图21　曲径通幽

透水材料是应用最为普遍的一种，比起普通的塑料来说，这种材料可以使雨水、露水等下渗到土地中，不会长时间的聚积在表面，既可以涵养水源，又可以减少材料的侵蚀。最原始的园林绿化中对于透水性的要求是用鹅卵石来满足的，这种鹅卵石铺成的路不仅美观，可以用鹅卵石摆成各种各样的造型，而且鹅卵石不会阻挡水资源的下渗，比起柏油路来说，这

是最天然的一种材料。但是在现代建设中，鹅卵石很大程度上不能和现代建筑相融合，这个时候人们就研制出了透水材料，这种材料多以砖块的形式出现，不仅能够和周围的建筑糅为一体，不显得突兀，更不会妨碍雨水的下渗（图22、图23）。

2. 新材料在园林工程中的应用

（1）用于草坪的增绿剂使用

在实际生长的过程，草坪由于各种问题如土质、环境和养护、气候等，会出现各种不良现象比如草坪缺肥、缺少营养元素，导致草坪遭受病、虫、害所带来的恶劣的影响。因而出现新移植的草坪发黄、干旱、枯萎，阻碍草坪

的健康生长。这种情况下适量的使用草坪增绿剂即可改变上述不良现象。草坪增绿剂是环保型的长效生物染色剂，不仅能有效的使草坪和土壤得以加固，而且能够达到浑然天成的颜色效果，可持续 2～5 个月，且使用期间褪色的问题不会出现（图24、图25）。

（2）抑制水分蒸腾制剂的使用

顾名思义，此类制剂适用于降低植物中水分的蒸发、它是一种保护植物的新材料，能够从根本上使植物成活率得以大幅度提升。主要作用机理是在植物的叶片及枝干上均匀喷洒，从而使叶片及枝干的表面形成一层保护膜，封闭气孔，达到缩水的效果，并抑制植物新陈代

图 22　儿童嬉戏塑胶场地

图 24　青草地

图 23　鹅卵石排水口

图 25　阳光大草坪

谢，对于网状结构能够确保其呼吸功效合理运转，控制水分蒸发，从而保证树木成活率（图26）。

图27 小区一角开的正灿烂的花卉

制冰冻蛋白成冰活性，可显著提高苗木抗病、抗寒和抗冻能力，还能够合理避免早晚霜侵袭，大大减少植物受冻害的问题出现（图28～图30）。

图26 长势繁盛的绿植

（3）植物抗旱保水剂的使用

植物抗旱保水剂。具有三维网状结构，是有机分子聚合物质。土壤内部可以快速吸收雨水、浇灌水，使其形成固态水，保护水分，使植物长久保湿的同时能够缓解干旱。抗旱保水剂主要具有三方面效果和作用，分别是吸水、贮水和保水，这种制剂大多应用在种植农林作物以及园林绿化等方面。抗旱保水剂被誉为是最有效的微水灌溉物质，更被形象地成为"微型水库"。其能够对肥料和农药进行有效的吸收，并且能使肥药的功效逐渐释放并提升。抗旱保水剂的优势非常多，如：没有毒、不会对植物和土壤、地下水造成污染（图27）。

（4）植物防冻剂使用

植物防冻剂后，会使植物表面逐渐形成一层保护膜，由于添加的特殊因子能够激活植物中的生物酶，消除冰核细菌而且能够阻止细菌繁殖。从而提高植株保水能力和抗冻能力，抑

图28 地被植物绿意盎然

图29 树池旁的地被植物

图30　原始耐阴地被

园林绿化在施工过程中经过对新技术、新材料的运用，大大提高了园林施工工程质量和效率，提高了园林的景象质量，也为小区后期维护办理节省了很多的人力、物力本钱，对推动节约型和环保型园林建造具有极其重要的意义。

住宅尽是绿色人居，小区俨然生态园林
——扬州新城高层区住宅景观工程

设计单位：扬州新城悦盛房地产发展有限公司
施工单位：扬州意匠轩园林古建筑营造股份有限公司
工程地点：扬州市邗江区江都北路与竹西路交界处
开工时间：2017 年 12 月 30 日
竣工时间：2018 年 6 月 10 日
建设规模：6.02 万 m²
本文作者：梁宝华　扬州意匠轩园林古建筑营造股份有限公司　项目经理
　　　　　韩婷婷　扬州意匠轩园林古建筑营造股份有限公司　项目技术负责人
　　　　　梁安邦　扬州意匠轩园林古建筑营造股份有限公司　项目深化设计师

一、工程概况

扬州新城高层区住宅景观工程位于扬州市邗江区江都北路与竹西路交界处，项目总占地面积 12 万 m²。其中，扬州新城高层区住宅景观工程占地面积 60212.43m²。该项目施工内容包括土方工程、硬质景观工程、绿化工程、景观照明工程等。绿化部分工程量主要包含种植苗木品种近 100 种，其中乔木 5000 多株，花灌木 60 多万株，草坪 6000m²（图 1）。

二、工程理念

本项目秉承绿色人居生态园林的建造理念，以幽美、宜人的环境成为扬城独具生态魅力和风情的花园式住区（图 2、图 3）。

1. 整体布局恢宏大气，局部细节婉约细致

项目整体设计风格为中式现代建筑手法，气魄宏伟，庄重大方，整齐而不

图 1　吾悦入口处

图 2　鸟瞰 1

图 3　鸟瞰 2

景、美观实用的地面铺装，营造出恢宏大气的景观效果，与建筑遥相呼应。同时，在细节的处理上，采用自然园林的花境配置手法，如植物组团的巧妙搭配、巧于立意的园林小品等，体现出了对细节的极致追求，演绎出一幅让人百看不厌、流连忘返的自然山水画卷（图 4～图 9）。

2. 入口景观开阔大气，行道树阵整齐划一

呆板，舒展而不张扬。为了与建筑风格相协调，突出建筑的高端品位，通过丰富多样的植物造

入口以"涌泉、书画、松树"交相辉映，形成"清雅大气"的第一印象，结合门楼、廊

图 4　植物搭配

图 5　节点 1

图 6　节点 2

图 7　节点 3

图 8　节点 4

图 9　节点 5

架彰显东方气质，营造迎宾送客之礼仪，顿生"春风十里扬州路，卷上珠帘总不如"之感（图10~图13）。

图 10　入口水景

图 11　主景水景

图 12　水景

图 13　廊架

3. 蜿蜒道路优雅浪漫，坡地草坪美景自成

进入小区内，于风雨连廊间款款而行，雨绵绵，扣柴扉，领略"曲延立长"的悠扬之美，唤起归家的渴望。原木色为主色，与黑灰白石景、影绰绿竹互相映衬，营造极具生命力的空间观赏体验（图14、图15）。

图 14　小径

在青翠的绿地中，看似随意、漫不经心，实为精心设计，将社区内各个景区连为一体。乔—灌—地被的配置，突出层次变换、疏密搭配，交相呼应，如诗如画，彰显出含蓄悠远的意境。优雅的草坪绿意盎然，开阔的空间大气舒畅，葳蕤繁茂的植物生机无限，色彩艳丽的花卉流光溢彩，形成一卷风情万种的天然美景。

4. 植物种类丰富多彩，造景手法巧妙变化

工程坚持适地适树的原则，强调地方特色，以乡土性、适应性强树种为主导，适量引种观赏植物，满足功能、景观要求，形成整体效果

图 15　道路

统一又各具特色的绿化景观效果。因此，具有适应性广、抗逆性强、易养护管理、易就近取得、能自然繁衍成林、具有地方特色的乡土树种，理所当然地成为"生态优先"的最佳选择。

为丰富植物生态多样性及层次变化，本项目通过大小乔木、大小灌木、地被植物与草坪、花卉五个视觉层次的结合，苗木配置以扬州及江苏地区的乡土树种，如香樟、朴树、紫薇、桂花、银杏等常绿树为基调树，红枫、紫叶李等色叶树穿插其间，再配以香泡等果类植物，营造出花果飘香的效果。

在乔灌、地被、草坪的选择及搭配上巧用植物特点，高低错落、生态饱满、层次分明，植物造景效果突出，季相变化丰富，真正做到

春则繁花似锦，夏则绿茵暗香，秋则霜叶似火，冬则翠绿常延，使园林景观产生了丰富的层次感，并更加怡人。

三、工程的重点及难点

1. 硬质景观处理

硬质景观作为扬州新城高层区住宅景观工程项目景观的一个重要组成部分，通过对入口、道路、空地、广场等进行不同形式的印象组合，在营造空间的整体形象上发挥了极为重要的影响（图16、图17）。

主入口广场铺装面积大，施工材料设计规格大，多方面因素增加了施工难度。为保证铺装表面的平整，该项目路面基础垫层采用钢筋混凝土结构，施工过程严格把控施工工艺，在50mm黄锈石铺贴时由项目技术负责人亲自放样、准确找平，最终形成干净、平坦、整洁的路面景观。

在扬州新城高层区住宅景观工程项目硬景铺装中，运用了丰富多彩的建筑材料，多样化的铺装形式，使得硬质景观不论是形式还是颜色的搭配都显得多姿多彩，线条流畅大方，围栏、石材线条、雕花以及花钵的加工精美细致，用料考究，异型部位、接口处处理到位、做工精细，增强了景观的立体感和层次感。

2. 大树反季种植

为更好地体现绿植效果，扬州新城高层区住宅景观工程项目中有选择的应用了少部分大树，如30cm的香樟、榔榆、24cm的朴树、20cm的银杏以及大规格的特型鸡爪槭等。为提高其成活率，项目部采用了新的植保手段，提高乡土树种全冠移植的成活率，形成"乡土树种全冠移植促生技术"。在苗木种植前，对选定移植的乔木进行切根、转坨、疏枝整形、增施基肥等措施，以保证移植的成活率；通过主干保护、根部水分补充、喷雾、剪枝创口消毒打蜡、植保等手段，来培育增强植株对搬移的适应性和抗性，使所选的苗材在栽植以后不仅成活，而且一次成形、长势良好。

图16 入口

图17 儿童活动区

四、新技术、新材料、新工艺的应用

本项目工程充分利用生态园林营造技术、大树移栽成活技术、石材一次性成型技术、专业性养护技术以及透水性石材、新型黏结剂、填缝剂的使用，硬质景观质量和苗木成活率提升，实现了生态制氧、美化环境、改善生活的多重目标（图18～图20）。

图 18 鸟瞰 3

图 19 鸟瞰 4

图 20 鸟瞰 5

1. 新材料的应用

（1）透水性石材的使用。园路的铺装大量使用透水性石材，基本做到了园路无积水，既利于雨水的自然渗透，又预防了因路面积水而造成行人滑倒的现象。

（2）新型黏结剂和填缝剂的使用。所有铺装石材采用最新的石材黏结剂和填缝剂，在加强黏结力度、防止石材脱落的同时，防止了石材反碱、流泪，保持了石材的表面整洁。

2. 新工艺的应用——石材表面成型加工工艺

为响应建筑业工厂化项目的实施，同时进一步提高本项目示范区硬景石材的加工质量，突出有序严谨的风格，公司在本项目施工中尝试性运用一种全新的"石材表面成型加工工艺"，在异型切割、抛光打磨、表面图案处理等方面完全摒除人工补充工序，实现石材的全机械化生产，大幅度提升了石材的外观质量和生产效率，且降低了制造成本。

3. 新技术的应用——乡土树种全冠移植促生技术

在施工过程中，扬州新城高层区住宅景观工程项目部广泛应用新的植保手段，提高乡土树种全冠移植的成活率，形成"乡土树种全冠移植促生技术"，包括全冠移植土球起挖技术、树根防腐处理和促生技术、使用 ABT-3 生根粉、苗木运输保湿保温技、乔木修剪疏枝技术、土壤整治与保水透气技术、使用 KD-1 保水剂、大规模苗木跟踪养护做喷技术。在苗木种植前，对选定移植的乔木进行切根、转炉、疏枝整形、增施基肥等措施，以保证移植的成活率；通过主干保护、根部水分补充、喷雾、剪枝创口消毒打蜡、植保等手段，来培育增强植株对搬移的适应性，施工人员通过严格的到货验收确保上述措施的实现，从而使所选的苗材栽植以后不仅成活，而且一次成形、长势良好，项目景观工程苗木成活率达到98%以上。

五、结语

公司承建伊始，选派最优秀的项目经理担任"扬州新城高层区住宅景观工程项目部"项目经理，项目管理做到了人员精干，分工明确，管理到位。为确保该项工程质量达标，扬州新城高层区住宅景观工程项目部按照科学施工组织设计的要求，牢固树立品牌意识、质量意识、责任意识，落实过程管理，严格控制各个施工环节，从清理场地开始，到整理便道、外进土方、土方堆筑、土方造型……再到最后的苗木种植，全部做到事前认真审图、积极与监理和甲方沟通协调，施工过程严格安全质量检查、事后及时总结经验和教训。由于严格按照项目管理规范的要求进行组织施工，工程自开工到竣工未发生任何安全和质量事故，各分部分项质量验收合格，全面实现了投标时的承诺，受到建设单位好评。

巧妙使用本土树种, 降本增效塑造景观
——黄山旅游管理学校新学校景观工程

设计单位：杭州蓝天风景建筑设计研究院有限公司
施工单位：芜湖新达园林绿化集团有限公司
工程地点：黄山市黄山区
开工时间：2016年6月18日
竣工时间：2018年2月4日
建设规模：3.15万 ㎡
本文作者：姜　雷　芜湖新达园林绿化集团有限公司　项目总负责人
　　　　　刘军军　芜湖新达园林绿化集团有限公司　经理

HISTORIC BUILDING GARDEN

一、工程概况

黄山旅游管理学校新学校景观工程位于黄山市黄山区322省道东侧（马家村上吴村民组）地块，工程总面积为31500 ㎡，主要施工内容为人行道铺设、绿化等（图1～图23）。该工程于2016年6月18日正式开工，2016年8月20日由建设单位原因暂停施工，后于2017年12月复工，2018年2月5日竣工验收，工

期120日历天。

二、工程理念

本工程以保护地方苗种为主，充分利用自然资源，节约建设成本和社会资源，使自然景观到城市有很好的过渡，达到景观与人文相互交融的效果。

图1　宿舍楼一角

图2　教师办公楼

图 3　教学楼后广场

图 4　喷泉景观

图 5　实训楼

图 6　教师办公楼后景观

图 7　校园停车场

图 8　校园主入口

三、工程的重点及难点

因工期较短，公司加大人力物力投入，每天进行现场考核，清点现场的施工人数和机械数量，在苗木大规模种植阶段，现场每天有施工人员近 200 人、机械 10 余台。为了保障施工质量，所有大型乔木和亚乔木都根据实际需要包裹保温膜，提前做好防冻处理。最终，在公司所有员工不懈努力之下，该工程顺利完工。

本工程为学校绿化，人流量较多，施工难度较大，所以要踏勘现场充分考虑，编制切实可行的施工组织设计，尽量不影响道路正常通行，注意安全文明施工。施工时合理安排工序，避免交叉施工，不可避免事项提前做好计划，制订应急预案，步骤合理安全，减少交叉施工造成工期延误的情况，在项目经理的管理下，工程施工期间无返工情况出现。

四、新技术、新材料、新工艺的应用

在施工过程中以保护地方苗种为主，充分开发和利用自然资源，节约建设成本。采用本

图 9　实训楼景观石、行道树

图 10　教学楼园路

图 11　宿舍楼休闲区

图 12　校园南门门卫室

2019 中国园林古建筑精品工程项目集

图 13　校园南门入口

图 14　校园宿舍楼荣誉栏

图 15　宿舍楼小广场

图 16　宿舍楼北角

地金桂与当地景观石相结合的组景，不仅能节约成本，还能充分体现当地人文景观的特色。乡土树种适应性强，成活率高，减少了运输成本。本工程主要种植了香樟、黄金槐、广玉兰、银杏等乡土树种，极大地节约了建设成本和社会资源。

在新技术、新工艺的应用上：

一是采用 ABT-3 生根粉，本型号生根粉对于常绿针叶树种及名贵难生根树种的快速生根、提高成活率具有明显效果；

二是设置风障，由于本地区进入冬季后风力较大，为避免树木倾斜倒伏，在风口处设置风障，进而提高苗木成活率；

三是树干保护，在冬季，对树干用湿草绳缠绕后，外面再覆一层地膜，既保温，又保湿，又可有效提高苗木成活率；

四是施用新型高效缓释肥，在特别干旱贫瘠的工作面上，使用新型高效缓释肥，可有效避免使用速效有机肥造成的对苗木的伤害，又能避免土壤板结，促进苗木健壮生长。

图 17　1 号教学楼

图 18　宿舍楼后景观区

图 19　2 号教学楼草地

图 20　宿舍楼拐角

图 21　校园南景观区

图 22　2 号教学楼后

2019 中国园林古建筑精品工程项目集

图 23　校园主干道

五、结语

在公司所有员工不懈努力下，该工程顺利完工。经过一年的苗木养护，苗木成活率高达100%，公司坚持以环境塑造为主题，尊重自然地形地貌和原生态风貌，注重绿化空间的整体性、均好性，实现绿色交通的特色，营造出宜人的公共环境。

築苑
——巧妙使用本土树种，降本增效塑造景观
——黄山旅游管理学校新学校景观工程

闽南风轻抚薛岭山，技和艺打造新公园

——薛岭山公园建设项目

设计单位：北京炎黄联合国际工程设计有限公司
施工单位：江西绿巨人生态环境股份有限公司
工程地点：厦门市湖里区薛岭山
开工时间：2016 年 10 月 26 日
竣工时间：2018 年 1 月 30 日
建设规模：44087m²
本文作者：黄烈坚　江西绿巨人生态环境股份有限公司　总经理，高级工程师

HISTORIC BUILDING GARDEN

一、工程概况

薛岭山公园位于枋湖片区内，金尚路以西、金湖路以南、祥岭路以北。公园四面被城市规划道路所包围，东接金尚路，西面为规划中的机场路，北面为规划路，南面为祥岭路。占地面积约 245 亩，用地内海拔最高 64.46m，最低 14.8m。山体脊线呈东西走向。

薛岭山公园由自然山体改造而成，其入口至山顶一共有将近 200 个石台阶，山顶处有两个亭子供市民休憩，这两个亭子以闽南式建筑的风格呈现。园内共有三四十种开花植物，主要打造花海融春、闽南印象、文化园区、百花争放、欢畅乐园、山城在望等核心景观（图 1～图 6）。

二、工程理念

整个薛岭山公园的建筑风格突出"闽南风"。

图 1　薛岭山公园南广场

图 2　薛岭山公园南广场大门

图 3　薛岭山公园

图 4　休闲厅 1　　　　　　图 5　休闲场所　　　　　　图 6　休闲厅 2

三、工程的重点及难点

　　薛岭山公园的承建技术和艺术要求都较高，项目难点一是薛岭山为自然山体，建设成公园需要对其进行实地考察，随时改变施工方案，保证其完整性；项目难点二是薛岭山在建设成公园前，属于一座荒废的山岭，杂草丛生，垃圾堆放十分严重，清理杂草及垃圾是个庞大的工程（图 7、图 8）。

图 7　景观植物 1

图 8　景观植物 2

四、新技术、新材料、新工艺的应用

　　在薛岭山公园建设项目中按高标准进行规划设计，按高质量进行建设施工，积极推广应用新技术、新材料、新工艺、新设备，取得了良好的效果。

1. 土工合成材料应用技术

　　软式透水管：软式透水管分为支撑弹簧钢线主体及透水和过滤的管壁等两大部分及接著剂的 PVC 等三种主要材料。软式排水管的最大特点：透水、渗透、毛细原理，靠纤维吸收土石中多余的水达到饱和时滴进水管内汇集而排水，并不同于一般钻孔的滴水式排水。利用软式透水管来解决软涂层改良技术难题（图 9）。

图 9　施工材料

2. 土工合成材料三维网垫边坡防护应用技术

三维土工网垫是一种新型工程材料，是用于植草固土的一种三维结构的似丝瓜网络样的网垫，质地疏松、柔韧，留有90%的空间可充填土壤、沙砾和细石，植物根系可以穿过其间，舒适、整齐、均衡的生长，长成后的草皮使网垫、草皮、泥土表面牢固地结合在一起，由于植物根系可深入地表以下30～40cm，形成了一层坚固的绿色复合保护层。该项技术用于护坡，起到了良好的效果。

3. 高边坡防护技术

在实际工程中，根据边坡坡度、高度、水文地质条件、边坡危害程度合理选择防护措施，提高地层软弱结构面、潜在滑移面的抗剪强度，改善地层的其他力学性能，将结构物与地层形成共同工作的体系，提高边坡稳定性（图10～图15）。

植物防护：利用植物的根系起到固土、固肥、固水的作用，防止水土流失。

砌体封闭防护：利用嵌草砖铺装护坡，防止水土流失。

4. 雨水回收利用技术

雨水回收利用技术是指在施工过程中将雨水收集后，经过雨水渗蓄、沉淀等处理，集中存放，利用施工现场部分绿化苗木的浇水以及混凝土试块养护用水。

5. 工业废渣及砌块应用技术

工业废渣砌块应用技术是指将工业废渣制

图10 施工现场1

图11 施工现场2

图12 施工现场3

图13 施工现场4

图14 施工现场5

图15 施工完效果

2019 中国园林古建筑精品工程项目集

作成建筑材料并用于建筑工程。

6. 雨水膨胀止水胶技术

雨水膨胀止水胶技术是一种单组分、无溶剂、遇水膨胀的聚氨酯类无定型膏状体，用于密封结构接缝和钢筋、管、线等周围的渗透，具有双重密封止水功能，当水进入接缝时，它可以利用橡胶的弹性和遇水膨胀体积增大填塞缝隙，起到止水作用。

五、结语

公司克服了重重困难，以精湛独特的施工技术和科学合理的施工管理，完成了此项工程（图 16～图 23）。2018 年 1 月 30 日，崭新的薛岭山出现在人们的视野中，打造了人与自然和谐相处的"城市公园"，工程质量优秀且具有显著的生态、社会、经济效益，获得厦门市政府和广大民众的高度赞赏，游人如织。

图 16　登山道

图 17　小径 1

图 18　小径 2

图 19　儿童乐园 1

图 20　儿童乐园 2

图 21　南广场景观植物

图 22　廊道

图 23　公园道路

设计与施工相依托，园林和景观同出彩
——滨湖新区方兴湖公园景观配套工程

设计单位：南京市园林规划设计院有限责任公司
施工单位：安徽腾飞园林建设工程有限公司
工程地点：合肥市滨湖新区
开工时间：2017 年 6 月 12 日
竣工时间：2018 年 2 月 1 日
建设规模：7 万 m²
本文作者：项立海　安徽腾飞园林建设工程有限公司　总经理

合肥市滨湖新区方兴湖公园位于合肥市滨湖新区义城镇，北邻中山路，南靠杭州路，西近包河大道，东至上海路，其中方兴大道经方兴湖下穿隧道通过。湖区公园总面积约 222 公顷，其中水面面积 82 公顷，绿化面积 140 公顷（图 1~图 20）。

图 2　色带美人蕉、柳叶马鞭草、草皮狗牙根

图 1　草皮狗牙根、红花酢浆草

图 3　草皮 1

图4　草皮2

一、工程概况

合肥市滨湖新区方兴湖公园工程主要内容包含草花栽植、水生植物栽植、亲水平台、栈道、码头、照明、音响等。

图5　木栈桥

二、工程理念

本项目为人们提供了一个良好的休息、文化娱乐、亲近大自然、满足回归自然愿望的场所，既保护了生态环境，又改善了城市生活环境。

三、工程的重点及难点

1. 工程重点

首先，要重视对施工场地的土壤处理。土壤是影响植物生长的第一要素，因此需要在施工中重视对土壤肥力、质量的调查，对园林规定的植物种植进行土壤肥力培育。其次，园林施工中所采用的定点放线标记要明确，对于植物种植位置、景观布局位置作好标记。再次，要加强园林后期养护工作。施工完成后，需要聘请专业景观配套设施养护人员对植物和景观

图6　植物涂、裹干高度保持一致，利用圆木进行固定支撑

图7　植物保护整齐划一

築苑
—设计与施工相依托，园林和景观同出彩—滨湖新区方兴湖公园景观配套工程

133

进行日常养护，在确保基本工程造型维持状态下，保持园林美观大方。

总而言之，随着社会的不断发展，人们对生活环境的质量要求越来越高，景观绿化工程应运而生，成为环境建设的重要组成部分。然而施工质量问题一直是限制景观绿化工程发展的主要因素。景观施工是从图纸变成现实的一个环节，在整个工程中占据最主要因素，因此能够正确意识到在施工中存在的主要问题，并做好防范，施工过程才能更加顺利，才能保证项目的建设满足合同要求，实现企业利益的最大化。

2. 工程难点

（1）施工方与设计方充分沟通

景观的设计和施工是一个完整的体系。施工前，施工人员需要与设计师就设计图纸的内容和重要的建筑细节问题进行沟通，尽量使施工与设计图保持一致。在施工过程中，如果出现图纸上设计的与现实施工有出入的情况，应当第一时间与设计师取得联系，对出现异议的地方进行协商解决。

施工前还应针对工程的大小，采用不同的组织形式。如本工程栈道分段二、分段五、分段六基础类型为独立基础形式，照明结合绿化带、花丛、路口标志物。建筑灯载体进行灯光布置，并设置特色景观灯。对于大型的综合景观工程一般采用矩阵制，即从企业各职能部门中抽调出专业人员，可以让各部门同多个项目有机结合。

（2）施工队伍建设

园林建设是施工队伍与设计师共同努力的

成果，施工人员在园林建设中起着主导因素。施工人员必须具备专业的园林建设知识，具有

图 8　游园步道铺路平整，无松动、残缺

图 9　游园步道 1

图 10　游园步道 2

图 11　游园步道干净整洁 1

图 12　游园步道干净整洁 2

图 13　矮栅栏、铺路石及防采摘的提示牌

图 14　矮栅栏

专业化的技术应用水平，并且要具有一定的审美艺术思维，能够根据图纸上的施工方案规划处理园林的立体空间组合情况，对植物的形态、摆放位置以及植物与空间的搭配、颜色的搭配都有一定的认识。如怎样搭配才能生动有趣，这些都需要施工者发挥，在图纸上是体现不了的。施工队伍在充分应用设计技术和施工工艺的基础上，对以往施工的经验进行实践性总结，使施工质量经得起时间的考验。

四、新技术、新材料、新工艺的应用

1. 透水混凝土施工工艺

透水混凝土搅拌投料必须严格按配合比进行，不得错投、误投。第一次投料必须过磅，随后可在投料机械容器中作记号，按标准参照投料。

（1）投料顺序

本着搅拌机料斗中首先投 1/2 石子，然后投水泥、添加剂，再投放 1/2 石子，即保持水泥、添加剂放置在石子中间位置较为适宜。

（2）搅拌方法

先在空机中放用水量的20%，空机搅拌，再提升料斗进料。在搅拌中分多次加水，直到水灰比完成计量。要求搅拌均匀，符合施工要求。合适的用水量搅拌的混凝土用手能攥成团，手松开后，手表面吸附浆体较少。

（3）搅拌时间

从投料到出料，一般情况下，350型搅拌机为4分钟。

（4）透水混凝土的运输

搅拌好的成品料出机后应及时运到施工现场，10分钟以内运到现场施工为宜。透水混凝土施工规程规定，透水混凝土出机至工作面运输时间不宜超过30分钟。

（5）透水混凝土的摊铺

透水混凝土摊铺施工，在结构层施工中应优先确定胀缝位置、规定尺寸、作好标记、按照要求留置，松铺摊平后用低频平板夯实，夯实后表面应符合设计高程，要求平整、密实。留置的胀缝应采用聚氨酯类或氯丁橡胶类的回弹性好的柔性材料。

施工必须计算松铺高度，合理控制高度能够使压实后与周边的铺装材料（或模板）高度一致，符合道路面层的设计高程，松铺摊平后采用低频液压机器进行滚平碾压，以保证路面混凝土的密实性，从而保证混凝土的强度。滚平碾压后要求表面平整，石子分布均匀，无积浆现象。

（6）养护

透水混凝土成型后的养护工作，是透水混凝土施工的重要环节，由于透水混凝土内添加了有机胶结材料，混凝土的早期强度增长较快，面层完成后需及时养护。我们采取的方法是塑料薄膜全覆盖保护，并在覆盖好的薄膜上洒水湿润，使薄膜均匀的覆盖在面层上，做到密闭完好，不留缝隙，而且薄膜不能有损害现象。透水混凝土的养护周期为两周，浇水养护，养护的最佳效果是薄膜内有大量露珠为最好。薄膜覆盖养护必须压牢，防止风吹造成薄膜飘起，千万不能有漏空现象，造成局部混凝土损坏。

（7）切缝、填缝

当透水混凝土强度达到70%左右时，可以进行机械切缝。机械切缝的厚度必须满足结构层厚度的贯通。切缝后必须用水及时冲洗缝内的石粉积浆，保证缝内干净、无粉尘，并将切缝时造成的混凝土表面的泥浆冲洗干净。切到胀缝时，保持结构层与基层的缝口上下一致，不得错缝。单块胀缝面积的设置首先满足设计要求，其次必须按规范规定的25~30m²，不得超过30m²以上，最佳是控制在25m²以内。对胀缝的填置采取泡沫板嵌缝，缩缝内填泡沫条，填缝时的缝表面预留2~3mm高度，然后注入结构胶封闭，嵌完的缝口宽度一致，表面平直，观感良好，嵌缝材料粘接力强，回弹性好，适应混凝土的膨胀与收缩，并且不溶于水，不渗水，耐老化，高温时不流淌，低温时不脆裂。

（8）成品保护

透水混凝土在施工和养护过程中，必须注重产品保护，作业面上应严格禁止上人、动物行走、车辆行驶，我们的做法是在成型后的路

2019 中国园林古建筑精品工程项目集

面周围设置围挡，布置彩旗，做明显标志，并派专人值守对产品进行有效的保护。透水混凝土与普通混凝土不同，修补困难，表面不容易粘结成原来的水平，所以产品保护一直要坚持到竣工验收交付使用后方能结束。

2. 树木养护技术措施

1月份：此时天气寒冷，土壤封冻，露天树木处于休眠状态。

（1）整形修剪：全面展开整形修剪作业。

（2）防治虫害：冬季是消灭园林树木害虫的有利时机。可在树下疏松的土中，挖虫蛹，挖卵茧，刮除枝干上的虫包，剪除蛀干害虫过多的枝叉并焚毁。

2月份：气温较上月有所上升，树木仍处于休眠状态。

（1）修剪：继续进行栽种苗木修剪，月底以前把各种树木剪完。

（2）除虫：同上月。

（3）维护：同上月。

（4）作好春季补苗的准备工作。

3月份：气温继续上升，树木开始萌芽。

（1）补苗：春季是植树生长的有利时机，土壤解冻以后，应抓住大好时机，抓紧清除死亡苗木，实施补栽。补栽时要做到随掘苗、随运输、随栽种、随浇灌，以提高树木成活率。

（2）施肥：土壤解冻以后，对应施肥的树木，施用基肥并浇水。

（3）修剪：在冬季整形修剪的基础上，对抗寒能力较差的树木进行复剪。

（4）防治虫害：继续采用挖蛹等措施，为全年病虫防治工作打下良好的基础。

4月份：气温继续上升，树木均萌芽前，全部完成补苗工作。

（1）继续补苗，必须争取在萌芽前，全部完成补苗工作。

（2）施肥：继续施基肥。

（3）修剪：剪除冬季和春季干枯的枝条。

（4）防治病虫害：仔细观察苗木，灭虫于幼虫期。

5月份：进入夏季，树木生长旺盛。

（1）浇水 树木抽枝，展叶盛期，需水量大，应及时浇水。

（2）施追肥：结合浇水，追施速效氮肥，或根据需要进行叶面喷施。

（3）修剪：剪残枝，中旬以后进入第一次抹芽阶段。

（4）防治病虫害。

（5）除草：在雨季来临之前，将杂草拔除干净。

6月份：气温高，日照长。

（1）修剪：集中力量在下旬前将抹芽完成。

（2）中耕除草：及时除杂草，防止草荒。

（3）追施肥：鉴于城市环境卫生等原因，可使用复合肥和菌肥，如必须施粪肥，应于夜间开沟施肥，并及时掩土。

（4）防治病虫害：尤以防治害叶的害虫为主。

7月份：本月气温高，燥热。

（1）抗旱浇水。

（2）修剪：进行第二次抹芽。

（3）防治病虫害：同上月。

（4）维护巡查。

8月份：下旬以后台风、暴风雨较多。

（1）浇水：中上旬仍注意浇水抗旱。

（2）修剪：完成第二次抹芽。

（3）防治病虫害。

（4）巡查抢险：台风暴雨过后，事先做好各方面准备，发现险情及时处理，对歪倒的树木进行扶直或主柱，及时排涝。

9月份：气温有所下降。

（1）巡查检验：同8月份。

（2）防治病虫害。

（3）施肥：对生长较弱、枝条不够充实的树木，追施一些钾肥和磷肥。

（4）中耕除草：国庆节前彻底消灭杂草。

10月份：气温继续下降，树木开始落叶，陆续进入休眠期。

（1）防治病虫害。

（2）维护巡查。

11、12月份：气温降低，树木枝干停止生长且木质化。

（1）防治病虫害：对树上过冬的虫卵或成虫要喷洒药剂，及时处理（火烧或深埋）有病虫的枝和叶，消灭越冬病虫。

（2）修剪：继续整形修剪。

（3）施肥：对缺肥而生长较差的树木，落叶后要在树木根部施肥。

（4）如遇冰冻或大雪，注意防冻和防雪措施。

3. 地被养护工作计划

1月份：酌施有机肥料，晴天中午适当浇水。

2月份：注意浇水，促使地被萌动。

3月份：检查地被复苏情况，适当浇水；控制游人走向，禁止游人踩踏；随着气温回升，注意及时施药，防止蚜虫、地老虎的危害。观叶地被开始萌发，可施春肥促使其生长。

4月份：清明前后是地被返青的高峰，要适当进行中耕除草，提高土壤温度和透气性。从4月份起，每月应施薄肥1~2次。

5月份：注意加强浇水施肥，使开花地被花蕾饱满；本月是病虫害普遍发生季节，应加强防治。

6月份：全面进入梅雨季节，要注意病害的发生，每隔10~15天喷洒200倍波尔多液一次；加强防治蚜虫、红蜘蛛的危害；春季开花植物要施花后肥，为孕育明年的花蕾作准备。

7月份：中耕、除草、施追肥，干旱时要在早晚浇水或喷雾，提高空气湿度，结合浇水酌施薄肥；继续防治蚜虫、红蜘蛛等病虫害。

8月份：平时要经常浇水和喷水；在暴雨和台风季节要开挖临时排水沟，以防积水；秋后对地被种植地进行土壤改良。

9月份：对秋花地被进行施肥，继续防治蚜虫等病虫害，适当进行植株整理，以保证地被整体效果；做好秋播地被苗期养护工作。

10月份：地被生长高峰已过，要对地被植物进行整理，修剪徒长枝、竖向枝可促使枝条开展，加大覆盖面。

11月份：大部分地被植物开始进入休眠或半休眠，要施冬肥和秋花"花后肥"；修剪地面枯黄部分，进行地被植物的种子采收，清理枯株群落。

12月份：在严冬到来之前，对一些易受

2019 中国园林古建筑精品工程项目集

冻害的地被植物提前作好防冻工作，可采用撒木屑盖稻草或适当浇水防冻；深翻施肥，促使翌年萌蘖粗壮。做好养护总结，制定第二年养护工计划。

4. 草坪养护工作计划

（1）冷季型草坪

1~2 月份：此时为冷季节型草坪的旺盛期，主要作适当修剪。

3~4 月份：天气渐暖，为保持草坪有足够的养分，须施肥一次，促使草坪生长更加旺盛。同时，及时除去冬季的杂草。

5~6 月份：进入雨季，冷季型生长放慢，这时须对草坪进行一次滚剪，使草坪保持良好的通风状态，并且低矮美观。因雨季多雨水，应注意防止草坪积水霉烂。

7~8 月份：盛夏是冷季型草坪的休眠期，也是杂草和最易产生病虫害的季节。因此，将视杂草生长情况每月拔草 1~2 次，对恶性杂草可采用喷洒除草剂的方法进行处理，保证草坪无杂草，同时及时防治病虫害，碰到连续干旱高温，则视干旱情况进行早、晚浇足水抗旱，必要时还可以在白天 9：00—17：00 使用遮阳效果较高的遮阳网覆盖，夜间揭除，使草坪安全度夏。

9~10 月份：草坪绿经过盛夏休眠期，此间应对草坪施肥一次，并及时清除枯黄的草坪并补种，同时继续拔除杂草。

11~12 月份：草坪逐渐进入旺盛期，此时应彻底除杂草一次。

（2）暖季型草坪

1~2 月份：此阶段为暖季型草坪的休眠期，主要为补种空秃处，必要时可酌施风化河泥，增加草坪肥力。

3~4 月份：天气渐暖，为保持草坪有足够的养分，须施肥一次，促使草坪生长更加旺盛。同时，及时除去冬存的杂草；对过冬沉陷处，应铲草填平，将草坪复原浇水、镇压。防止过度踩踏损坏嫩芽，应圈地禁入养护。

5~6 月份：进入梅雨季节，暖季型草坪生长加快，因梅雨季节多雨水，应注意防止草坪积水霉烂。如发现草坪失色，应结合浇水施以速效性氮肥，使草坪迅速返青。

7~8 月份：盛夏是暖季型草坪的生长旺盛期，也是杂草量长和最易产生病虫害的季节。因此，将视杂草生长情况每月拔草 1~2 次，对恶性杂草可采用喷洒除草剂的方法处理，保证草坪无杂草，同时及时防治病虫害。碰到连续干旱高温，则视干旱情况进行早、晚浇足水抗旱；发现有板结地块，要采用打孔改良。

9~10 月份：草坪经过盛夏生长期，其间应对草坪施用完全肥料或磷质肥一次，以增强其抗病和越冬能力。及时清除枯黄的草坪并补种，同时继续拔除杂草。由于气温下降，草坪害虫如草地螟、蝼蛄、金龟子幼虫开始活跃，应抓紧喷药，防治病虫害。

11~12 月份：草坪逐渐进入休眠期，此时应彻底除杂草一次，如发现有蜗牛为害，可及时施药杀除。

5. 安全文明作业及环境保护措施

（1）养护作业现场应干净整洁，各类警示标志设置明显；现场的各种设施、材料、设备器材、苗木等物料应定点存放；维修、养护垃圾及废料随产随清。

（2）养护管理的各道工序要做到以人为本，安全、文明作业。

（3）专项工作：及时按要求完成专项任务和养护工作，如文明创建、绿化会战、迎检等。

6. 巡察管理

（1）24 小时安排人员巡查，确保森林公园资源不被破坏、偷盗。

（2）绿地内无私栽植物等现象。

（3）及时劝阻、制止践踏草坪、损坏绿化、损毁设施的行为。

（4）对破坏绿化和毁绿行为要及时制止，并上报市政园林局，处理结果及时向市政园林局汇报，对已遭破坏的绿化，待市政园林局现场取证后即行恢复；经审批同意在绿地内施工的项目，要监督施工单位，确保其在审批范围内施工，不得超范围破坏绿化。

（5）及时劝阻、制止乱拉挂、乱张贴、乱堆放、乱设摊点等有碍市容环境的不文明行为。

（6）在养护范围内及时清理看相、算命

图 15　绿化色带百日菊 1

图 16　绿化色带百日菊 2

图 17　绿化色带美人蕉、红叶石楠

图 18　绿化色带百日菊 3

图 19　绿化草皮狗牙根、红花酢浆草

图 20　绿化色带红花继木

等封建迷信活动, 制止乞讨、杂耍、卖艺、钓鱼、游泳等行为。

（7）保持绿地内清洁卫生, 内无杂物、瓦砾、砖头、树木断枝与碎枝和其他废弃物; 植物表面无其他附着物、悬挂物、钉栓物。

（8）亭、廊等建筑物和护栏、标牌、垃圾桶、灯具等设施上无"牛皮癣"、积尘、蛛网、刻划涂鸦等; 园路无污渍、淤泥和废弃物。

五、结语

由于公司及项目部对工程质量的高度重视, 以及有关质量监督人员认真把关, 在各个环节保证了本项目施工质量符合设计和规范要求, 符合我国现行法律法规要求、工程建设标准, 符合设计及施工合同要求, 顺利通过验收, 取得了良好的经济效益和社会效益。

海绵公园增惠民生，规范施工保质保量

——泰兴市龙河湾公园景观绿化工程

设计单位：南京金埔景观规划设计院

施工单位：常熟古建园林股份有限公司（原常熟古建园林建设集团有限公司）

工程地点：江苏省泰兴市

开工时间：2016 年 3 月 10 日

竣工时间：2016 年 9 月 6 日

建设规模：16 万 m²

本文作者：邵冬贤　常熟古建园林股份有限公司　技术负责人

　　　　　季银生　常熟古建园林股份有限公司　生产经理

一、工程概况

龙河湾公园是泰兴市 2016 年实施的又一大民生工程，项目南起银杏路、北至阳江路（原北二环），东临文江路，老龙河贯穿其中，占地面积约 16 万 m²，项目总投入 4300 多万元。工程包括绿化、景观、景观亭、土方、景观照明安装、雨污水、浇灌及给水、管理用房土建及安装、公厕土建及安装、泵房土建工程、钢结构等多个项目（图 1）。

二、工程理念

龙河湾公园借鉴了海绵城市理念，规划定位为"以人为本、生态为底、文化为魂"的海绵公园。根据景观设计规划，公园共分为入口展示区、生态湿地区、休闲林荫区、植物科普区、活力运动区五大主题景区。其中水系面积约为 2.4 万 m²。建成之后，龙河湾公园将成为居民休闲、科普、绿色慢生活的市民公园，同时也是提升城

图 1　龙河湾公园全景

市生态环境的小微湿地公园、专类植物园和展示区域历史文脉的文化公园。届时龙河湾公园将与泰兴公园、银杏公园、仙鹤湾风光带、羌溪河滨公园以及如泰运河风光带等景观一起，成为城市的"绿肺"和展示城市形象的靓丽窗口（图2～图10）。

图2　入口景墙锈蚀钢板，整体呈椭圆形

图3　主入口景石

图4　块石景墙

图5　两侧特色景墙蜿蜒，互拥呈型

图6　傍晚的艺术柱阵，在灯光的投射下，映衬出别样风采

图 7 车行桥

图 8 弧形特色景观桥

图 9 生态湿地区

图 10 水生花卉

三、工程的重点及难点

（1）本工程包含部分钢结构，施工时除了应遵循《园林绿化工程施工及验收规范》（CJJ 82—2012）外，还应符合《钢结构焊接规范》（GB 50661—2011）（图11）。

（2）本工程包含部分钢筋混凝土与传统土木结构的结合，施工工艺、节点构造复杂，不同专业的施工队应相互协调，并加强控制，确保工程结构安全（图12～图14）。

（3）本工程内容主要为园林绿化，选苗

图 11 钢架休憩凉亭

图 12 龙河湾茶舍

图 13　茶舍木构桥面

图 14　六角仿古亭

尤为重要，除应选符合设计图纸中的苗木品种、树形、规格外，还要注意选择长势健旺、无病虫害、无机械损伤、树形端正、根须发达的苗木，对于大规格的乔、灌木，最好选择经过断根移栽的树木，这种苗木成活率高，确保施工进度。

（4）本工程水系面积约为 2.4 万 m²，其中分为老龙河清淤、改造以及部分河道新挖两组，河岸采用土石围堰，在施工前应对作业人员进行详细的安全技术交底，交待安全技术操作规程有关条款，挖土、清淤程序及其他相关注意事项，确保工程的顺利实施。

四、新技术、新材料、新工艺的应用

1. 新技术的应用

本工程采用的新技术主要有：停车场、运动场及部分园路采用生态透水混凝土铺设；亲水平台、木栈道及空中步道采用塑木铺设（图 15 ～图 18）。这两种材料均为新型环保材料。透水混凝土又称透水地坪，是一种多孔、轻质、

无细骨料的干硬性混凝土，具有高透水性、高承载力、易维护性、抗冻融性、耐用性及较好装饰效果。彩色透水混凝土地坪整体美观，突破传统路面灰、白、黑的色彩单一性，在保证路面透水性和承载要求的前提下，使路面可以随心所欲地呈现出不同的色彩搭配，充分收集雨水，有效地补充地下水，并能有效地消除地面上的油类化合物等对环境污染的危害，具有良好的经济效益和生态环境效益。同时透水混凝土地坪具有吸声降噪、抗洪涝灾害、缓解城市的"热岛效应"等作用，有利于人类生存环境的良性发展及城市雨水管理、水污染防治。塑木具备植物纤维和塑料的优点，适用范围广，所用的原料可用废旧塑料及废弃的木料、农林秸秆等植物纤维作基材，不含任何外加有害成分，而且可回收再次利用，称得上真正意义上的环保、节能、资源再生利用的新颖产品。其主要特点为：原料资源化、产品可塑化、使用环保化、成本经济化、回收再生化，能大量替代木材，可有效缓解我国森林资源贫乏、木材供应紧缺的矛盾，是一种极具发展前途的低碳、绿色、可循环、可再生生态塑木材料。

图15　一片色彩斑斓的透水混凝土休憩场地

图16　透水混凝土胶粘石跑道

图17　塑木步道，绿色低碳

图18　曲径通幽

2. 植物造景及养护

植物作为造园的自然要素是永恒不变的，一个优秀的园林作品离不开成功的植物配置，植物形态、叶色、香味、季相变化都可营造出不同的意境和风韵（图19）。提供植物适宜的生长条件是植物成活的重要保证，为降低苗木的死亡率，增强绿化栽植效果，我单位专业技术人员从以下四点深入研究并制定施工方案：

图19　郁郁葱葱

一是种植穴的处理，因南方大部分土壤偏黏，团粒结构较差，透水及透气性不理想，造成树木栽植后因土壤湿度较高造成落叶烂根乃至死亡，本工程在购选种植土时，优先选择透水透气性高的；

二是成片灌木栽植后，由专业技术人员进行修剪，避免露出很多茬口，形成类似"秃顶"现象，严重影响景观效果；

三是树木吊运栽种时，应考虑植物的观赏面和观赏视线，将最好的树形、树姿展示出来；

四是草皮作为现代园林中广泛应用的表现形式，其最大的艺术价值就在于给园林提供一个富有生命的底色，但往往由于铺设时技术措施不到位，致使失去其本身具有的价值，如常见的黄化秃斑、高低不平、"横行霸道"现象等。因此草皮在铺设前应尽量整平场地，铺面用人工或机械敲打，使草皮根部紧贴地面，避免积水而产生枯黄斑块，对于根部和走茎发达的草皮，铺设时要切断根部并开沟隔离，避免走茎蔓延到路面。同时植物栽植时应尽量仿造其生长于自然界中的状态，丛植要主从分明，疏密有致，忌三株成行；对植要相互呼应，相映成趣；孤植要选色、香、姿俱全，四面观赏皆宜。

植物栽植后的养护管理是成活与否的关键，也是园林工程成败与否的关键。水、肥、病、虫、剪是绿化养护的基本因素，但对于新种树木来说，水分平衡才是保证成活的重中之重，因此要抓住树木栽植后的几个重要时段进行水分供应。首先是植后的定根水，必须在栽植后24小时内进行，必须要浇足浇透，同时视天气情况和树木蒸发量及时补充水分。梅雨季节，应及时采取各种排水措施，以防积水。同时在高温天气下要适时进行枝干和叶面喷雾，确保树木成活，因此维持水分平衡成为园林工程后期养护的重要环节。

五、结语

在本工程施工过程中，公司及项目部通过采取以下措施，很好地将工程管理纳入动态控制中，从而确保了工程质量，圆满完成了各项预期目标，具体如下：

（1）明确创优目标，落实工作责任。工程在同类园林绿化工程中体量较大，政府也非常重视。从开工就明确了创省优目标，在施工过程中，紧紧围绕这一目标高标准、严要求组织工程施工。工程开工前，公司与项目部、项目部与各施工班组分别签订了工程创优责任书，实施工程质量目标分解，对施工全过程实行预测预控，并在目标责任制中明确了相应奖惩规定。通过这一制度，很好地将工程质量目标与经济利益相挂钩，极大地促进了质量目标的实现。

（2）贯彻质保体系，执行强制性条文。在工程的施工过程中，各施工单位都积极推行公司的质量保证体系，以完善工程过程控制及管理，使工程施工过程有序、合理，始终处于受控状态。另一方面，项目部在施工过程中严格执行国家强制性条文，并针对相关条文规定，公司组织相关人员进行相应的检查，以便及时、尽早地发现问题、解决问题。

（3）严把图纸会审关，坚持按图施工。项目部严把图纸会审关，通过这一措施，以清楚了解工程的施工特点、难点及设计的意图，并从施工的角度出发以减少工程设计失误和图纸差错，从而确保了施工的顺利开展。

（4）编制施工方案，做好技术交底、技术复核，落实质量管理计划。通过编制切实可行的施工方案和实实在在的三级技术交底，使项目部施工技术人员和操作人员充分了解本工程的施工难点及特点、技术要求、质量目标、创优计划和施工方案等，切实有效地保证质量目标的实行。同时，在每道工序施工前，项目部除按质量标准规定进行检查复核外，还应结合本工程的施工难点，在分项工程施工前做好必要的检查、复核工作。

（5）严把材料进货关，杜绝劣质产品进场。工程所用材料、产品均严格按照公司质保体系的采购控制程序和验证程序，货比三家，进行严格分承包方评定，择优录取，严格杜绝不合格产品进入现场。工程所有进场材料、设备、构配件合格证齐全并符合要求，并在监理旁站见证下取样，按照规定送样测试，合格后方在工程上使用。通过这一措施，从源头上控制了工程质量。

（6）加强员工教育，提高全员素质。建筑业因其行业特殊，从业人员的门槛低、素质低。本工程总建筑面积16万㎡，参加施工的工种多，交叉作业多，安全不稳定因素也较多。鉴于此，公司积极会同项目部做好施工人员的教育工作，通过多种形式，如：培训、会议、观摩、比赛、考核、教育等，以提高项目部施工人员的整体素质。

（7）做好协调工作，确保有序施工。本工程参建单位两家，室外景观铺装进行分包，作业班组较多，为保证工程的顺利竣工，项目部积极同有关方面做好协调工作。一方面，积极做好工程各专业班组的协调工作，以尽早发现问题，尽快解决；另一方面，项目部也积极做好与业主、设计单位、监理单位的协调配合工作，以减少因沟通不畅带来的种种不利因素。

龙河湾公园工程荣获了泰州市"梅兰杯"优质工程奖，巧妙的设计荣获泰州市城乡建设系统优秀工程设计奖。工程竣工近一年，深受市民朋友好评（图20）。晨之精彩，跑步、太极、晨练已成一道风景；昏之壮美，落日余晖下惬意的散步、赏鉴美景；人们在休闲娱乐的同时，倍感身心轻盈，就连呼吸也是一种享受，生活如此美好！

图20 秋水共长天一色

抓施工树安全典型，控质量保优质工程

——乌海市海勃湾区社会主义核心价值观教育广场建设工程

设计单位：上海申联建筑设计有限公司

施工单位：芜湖绿艺园林工程有限公司

工程地点：内蒙古乌海市海勃湾区人民公园

开工时间：2016 年 1 月 5 日

竣工时间：2017 年 6 月 2 日

建设规模：约 7 万 m²

本文作者：汪　群　芜湖绿艺园林工程有限公司　董事长

　　　　　夏登龙　芜湖绿艺园林工程有限公司　总经理

HISTORIC BUILDING GARDEN

一、工程概况

乌海市海勃湾区社会主义核心价值观教育广场建设工程是乌海市重点工程，建设单位是乌海市海勃湾区园林局，投资规模约 2400 万元，包含园林绿化、园林景观、水景喷泉、仿古建筑、市政配套设施等，工程竣工交付后受到海勃湾区居民称赞（图 1～图 28）。

图 2　古树栽植

图 1　绿化栽植

图 3　景观河及景观桥

149

图 4　仿古亭 1

图 7　景观河及河畔景观

图 5　仿古亭 2

图 8　绿化栽植、园路

图 6　景观桥

二、工程理念

本工程项目旨在全力打造生态、节能、绿色的社会主义核心价值观教育广场。

三、工程的重点及难点

本工程为仿古结构施工，施工时木材投入量大，技术要求高，劳动力集中，连续作业多。施工前对工程所需用材料和机械设备要组织充足，确保施工时不待料。按照施工组织设计中的进度计划，编制月、旬、周生产计划，制订赶工措施，科学、合理安排施工作业。

图 9　景观小品

图 10　仿古亭

图 11　景观道路

图 12　假山水系

图 13　仿古庭院

图 14　景观河护栏

1. 制订专项方案

工程外脚手架和脚手架安全防护制订专项

方案，按全封闭防护要求实施，做到文明施工。脚手架的外侧安全防护采用全封闭防护要求进行实施，确保安全施工万无一失。脚手架搭设时，要保证脚手架符合规范要求，以免发生意外。

2. 实行封闭施工

施工现场围墙按要求砌筑，非现场施工人员不得入内，真正做到封闭施工。高空作业时有可靠的全封闭围护措施，确保各种物体不得坠落。

3. 项目经理责任制

项目经理至始至终作为施工现场的指挥，是抓质量、保安全、抓工期、促生产的现场领导核心，项目经理要树立高度的责任感。

4. 施工过程中要彻底解决楼面和管口渗漏问题

楼面除浇筑密实外，还应做防水砂浆找平层，并用柔性防水材料填实管口周边，做面层前须试水合格后方可施工。

5. 文明施工的措施

施工前制订目标实施计划。施工中做到按计划施工，现场材料有序堆放，做到文明整洁。施工中会产生噪声、粉尘、灯光、污水等多种污染因素，给周边造成环境污染，必须有针对性地制订有效措施，减少和防止污染，场地和道路经常打扫，保持整洁，形成一个良好的施工环境。

6. 施工环境控制措施

（1）防噪声污染措施：施工机械经常检查维修，以免噪声过大；振捣混凝土时，振捣器严禁硬碰钢筋以免噪声过大；各种钢质器具和材料轻拿轻放轻安装，以免噪声过大，影响周围学生上课、休息。

（2）防粉尘污染措施：楼地面清理打扫时事先洒水，清扫的垃圾集中堆放，须用器具运至地面，不得随意抛弃，以免尘土飞扬。

（3）防灯光污染：工地晚间作业的照明灯具，尽量不让光线射向居住区。

（4）防污水污染 工地施工中产生的污水，必须经过三级滤池过滤后，才能排入下水道。

图 15 配套标语牌

图 16 景观挡土墙

图 17　特色门楼

图 18　特色雕塑

图 19　特色景观小品

图 20　仿古亭

图 21　特色门洞

图 22　景墙

筑范
——抓施工树安全典型，控质量保优质工程
——乌海市海勃湾区社会主义核心价值观教育广场建设工程

图 23　景墙

水更快、存水更多；在苗木栽植后使用保水剂、生根粉、抗蒸腾防护剂等新产品保护树木，可以大大提高苗木成活率；在喷灌系统中使用园林微灌灌溉技术，在达到节能减排目的的同时提高苗木成活率；在树穴下预埋新工艺的透水软管排水，可以快速排出树穴积水；路灯全部采用新式独立太阳能灯，安全节能无污染，并可以随意调整路灯布局；在排水系统中运用了新技术——雨水回收利用技术，实现对自然雨水资源的高效利用。

图 24　社会主义核心价值观宣传雕塑

图 25　特色雕塑

7. 构件工程施工措施

为保证工程的质量，对构件工程制订如下措施：（1）木工工长应吃透图纸，并对各种构件进行翻样；（2）施工前对各类构件进行试作。

四、新技术、新材料、新工艺的应用

本工程运用多种新技术、新材料、新工艺，例如在铺装中采用新材料——新式透水砖，排

图 26　廊架

图 27　景观桥

图 28　凉亭

五、结语

　　公司在本工程项目中运用科学方法，运用新科技、新材料，施工进度安排得井然有序，严格按照施工图纸完成施工，符合国家和地方验收标准，工程完成后经检测综合评定为合格工程，感观优秀。

生态医院服务宜春，园林景观助力康养
——宜春市人民医院（北院）【五标段】园林景观绿化工程

设计单位：华汇工程设计集团股份有限公司
施工单位：天堂鸟建设集团有限公司
工程地点：江西省宜春市人民医院北院
开工时间：2016 年 4 月 10 日
竣工时间：2016 年 11 月 10 日
建设规模：68274.81m²
本文作者：蔡福兰　天堂鸟建设集团有限公司　高级工程师、项目经理
　　　　　揭青梅　天堂鸟建设集团有限公司
　　　　　何新祥　天堂鸟建设集团有限公司

　　自从改革开放以来，我国的社会经济快速发展，城市化建设速度越来越快，建设规模也越来越大。绿化及生态建设是城市化建设的关键，直接关系到城市化建设的质量与效益，关系到城市人们生活水平、生活质量和舒适度的提高。园林工程建设作为城市化建设的重要环节，对提升城市发展水平意义重大。

图 1　医院大门入口景观

一、工程概况

　　宜春市人民医院（北院）【五标段】园林景观绿化工程占地面积 18.2 万 m²，其中绿化面积 6.8 万 m²，包括庭院内的土石方及场地平整、园林景观绿化、地面铺装、园林小品建筑、围墙、大门、岗亭、沥青道路、人行道、园路、雨污排水、园林景观给水、庭院路灯亮化、体育运动器材等工程（图 1～图 5）。

图 2　入口广场宣传栏

图 3　路灯　　　　图 4　养生休闲区鸟瞰　　　　图 5　运动休闲广场

二、工程理念

宜春市人民医院（北院）【五标段】园林景观绿化工程在打造园林绿化景观的同时，坚持可持续发展原则，运用生态化养护管理技术，突出园林绿化的生态特征和实用性。在促进自然界良性循环的前提下，充分发挥资源的生产潜力，防治环境污染，达到经济效益与生态效益同步发展。因此在该项目的绿地养护管理上，我公司树立生态化管理意识，改变目前仅仅是浇水、施肥，除尽野草和虫害，修剪控制树木形态等人工干预管理模式，根据应用生态理念，遵循生态控制论的基本理论，采用生态养护管理方法，使绿地内的生物及环境和谐统一，形成自然的良性循环，可持续地发挥其生态效益（图6、图7）。

图 6　安康广场全景

图 7　阳光大草坪全景

三、工程的重点及难点

1. 工程重点

（1）春季是树木生长旺盛的时期，苗木的栽植工作必须赶在春季期间完成，特别是大、中型乔木栽植。因为春季时期自然雨水较多，温度相对较低，是确保树木长势的绝佳时期。为保证绿化效果，春季期间完成乔木、灌木栽植是重点之一。

（2）树木生长过程中的长势取决于土壤环境，土壤的质量直接关系到树木长势效果，为保证树木长势效果良好，公司把土壤质量作为重点的把控。

（3）所有植物都会发生病虫、病害的现象，特别是乔木的病虫害尤为明显，其中有些植物所产生的病虫害具备一些传染性。为了预防树木发生病虫害，公司结合自身的一些经验把树木病虫害防治作为一项重点。

（4）苗木养护是栽植的后续重要工作，根据季节气候的变化、不同植物的生长习性等特点，各种苗木的养护方法也不尽相同，后期的绿化景观效果是否得以体现取决于日常的养护工作是否到位，在苗木养护期间公司配备专业的养护人员重点关注养护工作（图8、图9）。

图 8　行道树

图 9　单杆八月桂

2. 工程难点

（1）顶板部分工序需要分段施工。经过现场实际勘查，工程顶板区域施工，需要分成两个区域进行回填。

（2）外墙脚手架的拆除是一项关键，如因其他客观因素未按计划拆除，将直接影响到后续的苗木栽植工作。

为避免影响工期，公司本着按期完工的目标，计划将楼栋周边的苗木栽植工作划分为两个施工段：随着脚手架拆除进度拆完一处种植一处；提前预定所需苗木，做到随时施工即刻发苗；利用场地内的空余地被做苗假植；准备一只专业的突击队伍做好随时抢工的准备。

3. 工程亮点

植物的种植原则为"先高后低、先内后外"，种植顺序为"大乔木—小乔木—灌木—地被植物"，如大乔木栽植完毕，经甲方及设计方点评确认后方可进行小乔木栽植（图10、图11）。以下为植物种植注意的几个方面：

（1）注重植物天际线，即骨架树木高度及冠幅的搭配，做到连续不断档、变化不突兀。

（2）前景树及孤植树的选择，在施工阶段应重视植物前景树及孤植树的树形、规格的选择及周边背景树的差异化，突出重点种植。

（3）多重绿化层次塑造。

（4）常绿与落叶树木的搭配，重视搭配比例，及常绿树在住宅房前屋后的栽植位置。

不同植物之间收边收口处理原则：灌木、花卉、地被、草坪的衔接应线条流畅，界限分明、清晰、明确，不出现交错种植。

植物与硬景铺装的收边：草坪坡度顺畅，

图 10 养心亭景观全景

图 11 养心亭

策略。公司采用先进的风景园林工程施工技术，加强 GRC 塑石技术人员、施工人员的培训，提高 GRC 塑石技术熟练程度，掌握施工技术要点与标准，严格落实相关 GRC 塑石技术施工规范要求，确保施工过程的顺利，在保证工程质量的基础上，加快施工进度，缩短施工时间，从而达到降低风景园林工程施工成本的目标（图 12）。

图 12 假山塑石

收口处理精细，草坪基层低于铺装 2～3cm，避免浇灌时泥土外流，草坪边角尽量采用弧形处理，避免人为践踏。

树穴收口处理原则：头年栽植或正在保活阶段的树木，树穴无法栽植植物，应用树皮、卵石等覆盖。其中，树穴归圆，树皮、卵石应大小均匀，并遵循规律摆放。

四、新技术、新材料、新工艺的应用

1. GEC 塑石技术的应用

GRC 塑石技术是解决园林工程中施工难度较大问题的解决措施，是一种新型的技术型

GRC 塑石作为一种新型材料，具有刚度好、质轻、耐用、廉价的特点与优势，极其符合园林工程塑石施工使用的需要，减少了以往塑石施工的难度，使塑石施工技术有了创新性的改善，在园林工程建筑过程中适应高难度的施工要求，使施工更加美观、自然，打造富有自然美和设计美的园林建筑（图 13）。

GRC 塑石优点：

（1）具有环保性，可取代真石材，减少对天然矿产及林木的开采。GRC 塑石设计新颖、施工工艺好、可塑性大，在造型上需要特殊表现时可满足要求，可加工成各种复杂形体，与植物、水景等配合，使景观更富于变化和表

图 13 景观塑石

现力;

（2）材料自身质量轻，强度高，抗老化且耐水湿，施工方法简便、快捷、造价低，在室内外及屋顶花园等处使用也成为了可能;

（3）塑石的造型、皱纹逼真，具有岩石坚硬润泽的质感，模仿效果好;

（4）可利用计算机进行辅助设计，结束过去假山工程无法做到石块定位设计的历史，不仅在制作技术，而且在设计手段上取得了新突破。

2. 协调共生原理在绿地养护管理中的应用

当前园林工程中植物的种植方法按照林、灌、草的高低顺序对植物进行合理的规划。旨在促进植物叶子截流、根部截流、土壤截流等目标。尤其在渗水路面附近，种植对路面压力较小的灌木丛，进而达到蓄水池上方吸水、净化之目的。并利用林木落叶、森林草丛等进行第一步的雨水截流，再通过沙地对雨水进行二次截流，后通过园林工程中其他雨水排流方式，流入蓄水池，加以净化，为城市提供可净化的水资源，为园林提供植物所需的营养成分。

同时，在种植过程中多采用常绿植物，以营造更具有自然气氛的园林景观形象（图 14 ～图 16）。

图 14 简洁明快的清幽小径

图 15 花坛台阶

图 16 青石板园路

协调共生就是使系统内各生态要素合作共存、互惠互利，结构与功能相互适应与协调，能量的输入与输出之间达到相对平衡。绿地是一个人工建造的植物群落，要达到协调共生，就要使人工营造与自然生长完美结合，以自然植物群落为模本形成物种多样性，物种多样性与生态稳定性之间具有密切的联系（图17、图18）。

图17　疏密有致的生态布局

图18　静养花架

（1）施工过程中因地制宜注重植物配置

植物栽植宜采用以乔木为主的乔、灌、草复层混交结构，尽可能地因地制宜注重植物配置，使各种群之间形成相互依存、相互制约的关系，以建造出一个和谐、稳定的植物群落（图19、图20）。

图19　石与园林景致的完美结合

图20　景石造型景观

（2）调整植物配置组合及种植密度

依据宜春市气候，根据树木的生长情况及时调整定植树种的组合及种植密度，让喜阳、喜阴，喜湿、耐旱，快生、慢生等生物学特性各不相同的植物各得其所（图21）。

3. 循环再生原理在绿地养护管理中的应用

循环再生是指生态系统的物质循环法则。在循环中，每一个环节是给予者，也是受纳者，循环往复，周而复始。生态工程就是要采取措

图 21　各种植物搭配恰到好处

施，调整循环运转的各个环节及途径，协调这些环节的输入、转化与输出的物质的量，使废物资源化，为物质生产和生物再生提供更多机会（图 22）。

图 22　整齐划一的绿化种植

（1）废物利用，改良土壤

绿地内的土壤黏性重、团粒结构差，造成植物生长不良。采用循环再生的方法，将过去废弃的枯枝落叶粉碎，制成有机绿肥，追施于绿地，不仅改善土壤 pH 值、有机质含量等土壤性质，还减少了废弃物的生成。

（2）雨水资源的循环利用

充分运用雨水资源灌溉绿地。园路铺装时

注意坡度，中间高、两侧低，利用路面雨水的引导将雨水排入小区绿地中，通过地表渗漏，补充地下水，达到资源循环再生的目的（图 23～图 25）。

图 23　吸水砖园路与周围的植物相融合

图 24　开阔的吸水砖园路

图 25　嵌草砖停车场

162

（3）路面净化

园林工程中的路面净化工作始终困扰着园林环卫工人，即便将路面所有垃圾清扫干净，也还是会残留灰尘、细小杂物等。新技术、新工艺的应用，提升对雨水的应用能力，在路面洁净的前提下，对路面进行净化工作。通过沥青、渗水砖等材质，雨水落入地面后能够将大分子的残留杂物融合，并流入地下，通过路边的灌木丛进一步过滤，再沿着导流管流入蓄水池。

（4）生物净化

利用绿色植物，以及植物根部等对雨水进行初步的净化工作。地面植物中存在的微生物，可净化雨水中的部分营养物质。当然，净化后的雨水也可被植物留作自身生长的养料，一举多得（图26、图27）。

伴随着时代的发展，新技术和新工艺正在悄然崛起，更多的新技术和新工艺应用在园林工程也是大势所趋。在不断迎合现代人的审美的同时，也符合了可持续发展观和低碳、环保的理念。

图 26　干净的消防通道 1

图 27　干净的消防通道 2

文渊楼阁古韵飘香, 铜殿书声声传四海
——学军中学文渊分校文渊阁铜殿及铜门楼工程

设计单位：中国联合工程公司

施工单位：杭州金星铜工程有限公司

工程地点：钱江世纪城利丰路东、博奥路西、机场路北、扬帆路以南

开工时间：2017 年 8 月 10 日

竣工时间：2017 年 11 月 10 日

建设规模：968m²

本文作者：傅春燕　杭州金星铜工程有限公司　副总裁

　　四大藏书阁之一的文渊阁，位于故宫东华门内文华殿后，是紫禁城中最大的一座皇家藏书楼。乾隆三十八年（1773 年），乾隆皇帝下诏编撰《四库全书》，特建文渊阁于故宫内以藏书，建筑样式仿自宁波范氏天一阁。

　　文渊阁自乾隆四十一年 (1776 年) 建成后，皇帝每年在此举行经筵活动。从 2003 年起，文渊阁对公众开放。可是，基于对文物保护和观众安全的考虑，目前还不能进入文渊阁室内参观。

　　但在杭州，有着"学霸集中营"之称的学军中学，却将故宫文渊阁"搬"到了新打造的"分号"——文渊中学里，昔日的皇家藏书阁走进民间，变成了同学们的图书馆。与故宫文渊阁的砖木结构不同，这座图书馆采用铜制（图1），与学校江南园林式风格相融，传递出皇家古韵。

一、工程概况

　　20 年前，杭州学军中学教育集团领办了第一所民办初中——文澜中学。校方表示，文澜中学就是要"青出于蓝而胜于蓝"。这所新中学的名字，

图 1　文渊阁铜殿

就包含了要超越其兄"文澜中学",并且更上一层楼的雄心。2018年,杭州金星铜工程有限公司完成了文渊阁铜殿及铜门楼工程(图2)。

和斗拱装饰,在此基础上结合学院特点,精工细雕,用书籍、花卷等具有鲜明文教色彩的图案进行装饰(图4)。古韵庄严的铜门楼(图5),

图2 学校正门,古韵庄严的铜门楼

图3 文渊铜殿沿袭明清官式建筑风格

二、工程理念

文渊中学的建筑风格别具一格,整个校园的总体设计风格体现了江南园林与皇家古韵的融合,新落成的文渊阁铜殿即文渊铜殿(图3)沿袭明清官式建筑风格,采用屋顶脊吻、挑檐

图4 装饰斗拱,工艺精致,纹饰细腻,更显气势浑厚

图5 江南园林与皇家古韵的融合

长 25.3m，高 11.7m，宽 8.3m，工艺精致，纹饰细腻，更显气势浑厚大气。

三、工程的重点及难点

步入校门，映入眼帘的就是典雅精美的中轴核心建筑——文渊阁（图6）。整个校园都是这样的江南书院式风格，古色古香的建筑韵味大方。

图 6　中轴核心建筑——文渊阁

铜殿长 35.5m，宽 17.4m，高 22.6m，建成后的文渊阁，将作为学校图书馆使用（图7）。整个殿身闪烁着铜的质感和厚重，梁柱、飞檐和装饰性柱采用现代铜雕工艺（图8），不仅防火、防雷、防腐蚀，而且气势恢宏，可经历百年风雨而不朽。

图 7　文渊阁将作为学校图书馆使用

图 8　图书馆按故宫文渊阁而建造

文渊阁铜殿歇山梁架、斗拱瓦作、立面三段式的设计，皆用铜制，尽现皇家书院的端庄典雅（图9～图11）。

东西两面山墙完全采用宫廷造法（图12），正脊涂澄泥砌墙，清水砌砖，三顺一丁丝缝做法，结合铜墙、铜脊，完整还原故宫文

图 9　歇山梁架、斗拱瓦作、立面三段式的设计，皆用铜制，尽现皇家书院的端庄典雅

图 10　整个校园都是江南书院式建筑风格

图 11　古色古香的建筑相当有气势

图 12　两面山墙完全采用宫廷造法

渊阁的风貌。

四、新技术、新材料、新工艺的应用

　　文渊阁的装饰纹样采用了多种工艺（图13～图20），用锻打技术和刻雕技术解决古建筑铜雕艺术的美学需求，同时由于锻与刻的

　　不同技术在铜建筑上形成不同高度的层次和层面，有利于铜表面处理上的多种色泽的隔离、封闭和融汇，大气、富派、典雅、美艳，极具艺术感染力，以默祈吉祥如意、文脉昌盛。

　　多庭院的江南园林空间构建，亭台楼榭、小桥流水、叠石沥水、松柏峥嵘、写意流动，尽显江南园林景观的意境神韵。

　　铜在建筑的应用中表现出了独特优势。铜是一种质地坚硬的金属，耐腐蚀，能在各种不同环境中不受损坏。铜在化学活性排序的序位很低，仅高于银、铂、金，因而性能极稳定。铜在大气中还会生成氧化铜膜，防止铜进一步氧化腐蚀。所以当许多同时期的铁制器早已锈迹斑斑，甚至变成氧化物化为灰烬时，铜依然性能良好。铜的这种耐腐性，在建筑方面得到了广泛的应用。在西方铜屋顶是高档建筑的首

图 13　文渊铜阁内部

图 14　手工锻打的精美纹饰细部

图 15　手工锻打的精美纹饰 1

图 16　手工锻打的精美纹饰 2

筑苑——文渊楼阁古韵飘香，铜殿书声声传四海　学军中学文渊分校文渊阁铜殿及铜门楼工程

图 17　铜门楼上的杭州学军中学校徽

图 18　文渊阁内的铜制吊顶

图 19　铜门样式来源于官式建筑风格

图 20　铜制建筑美轮美奂，韵味深长

选建筑屋顶，在供水和供暖系统中更是独占鳌头。铜还是一种最佳的环保材料，其在环境中的浓度一直处于安全界限之内。铜可以循环使用，不产生垃圾，而再生铜可保持原铜所有的优越性能，其他再生材料则远不能如此。另外与其他材料相比，铜对环境更"友善"之处在于，铜在再生过程中不会产生有害物质及废物。

五、结语

文渊阁铜殿在中国传统建筑的现代重新应用上起了很好的示范作用。它不仅是铜在建筑中的成功应用，同时也成功的在建筑中带来了艺术和人文精神的融入，极大地提高了建筑的艺术价值。

紫铜牌楼彰显古韵，独特景观传承文化
——浙江大学紫金港校区铜牌楼项目

设计单位：杭州金星铜工程有限公司
施工单位：杭州金星铜工程有限公司
工程地点：浙江大学求是书院
开工时间：2016 年 9 月 9 日
竣工时间：2017 年 2 月 8 日
建设规模：135m²
本文作者：何栋强　杭州金星铜工程有限公司　古建工程师

浙江大学求是书院铜牌楼（图 1）是浙江大学紫金港校区的标志性建筑，它位于求是书院文化元素建筑群北侧广场上，讲述浙江大学一百二十年的风雨历程。2015 年 9 月，求是书院文化元素建筑群动工建设；2016 年 9 月 9 日，铜牌楼正式开工建设，并于 2017 年 2

图 1　浙江大学求是书院铜牌楼

月 8 日完工，历时 180 天。恰逢浙江大学建校 120 周年校庆之时，煌煌铜艺正是对此最好的献礼。

一、工程概况

求是书院文化元素建筑群极富特色，最初的灵感来自"为了学生"，是浙江大学郑强老师提出的倡议。郑强老师回忆："那时候我是搞学生工作的副书记，我在观察学生时发现，学生毕业离校时很喜欢在校园里拍照留念，但很多学校没有一个很有特色的地点可供同学们拍照。现在国内很多大学，那些漂亮的花园、草坪都差不多，大学里都是现代化建筑，差别也不大。我想要给同学们一个地方，一照相就知道是咱们浙大的，就像清华大学的那个校门一样。但浙大前身'求是书院'在杭州大学路上，而且只保留了很小一部分，同学们不方便穿着学士服去拍照。所以我倡导，按求是书院旧址的风格，在紫金港校区新建设一个求是书院文化元素建筑群，给同学们拍照留念。这一建筑群，也是传承弘扬浙大求是精神和校园文化的载体。我向校领导提出了这个想法，得到

了时任浙大党委书记张曦的支持。"

求是书院铜牌楼长 11.5m，宽 2.36m，高 9.7m，是中国最大的紫铜牌楼。铜牌楼的设计得到了多位学者的指点，他们引经据典，各抒己见，精心推敲每一处细节，认真核定每一块图案，历时近 2 年的研究、讨论和反复修改，铜牌楼才最终出炉（图 2）。

二、工程理念

紫铜牌楼既借鉴古代文化神韵，又有现代江南建筑风格；既体现了浙江大学的文化传承，又成为了紫金港校园的独特景观。

牌楼为明清式全铜制作，三层四柱三间歇山式结构，脊两端饰螭吻装饰，额枋分饰龙纹和宋锦，工艺精美生动，显得古香古色，庄严厚重。铜牌楼北立面牌匾上书"求是书院"（图 3），这四个字源自"求是书院"旧址界碑。

楹联为"居今日而图治以培养人才为第一义，居今日而育才以讲求实学为第一义"（图 4），是 1897 年浙江巡抚廖寿丰《请专设书院兼课中西实学折》中的内容。这封呈报光绪帝的奏折，便是求是书院或者说浙江大学的源起，

图 2　铜牌楼成为浙大标志性建筑

图 3　铜牌楼北立面牌匾上书"求是书院"

2019 中国园林古建筑精品工程项目集

图4 铜牌楼北立面楹联

图6 铜牌楼南立面楹联

图7 铜牌楼上的各种纹样细腻生动

它第一次请求清政府在省城杭州另外创设讲求实学的新式书院。

铜牌楼南立面牌匾上书浙江大学校训"求是创新"（图5），楹联内容为浙大精神："海纳江河启真厚德，开物前民树我邦国。（图6）"明间折柱上书浙大价值观核心词："勤学修德，明辨笃实。"旨在继承浙大"实事求是、严谨踏实、奋发进取、开拓创新"的优良校风。

在铜牌楼的额枋、拱柱、花板等部位，辅以钱江潮、岁寒三友、双凤朝阳、一路连科、麒麟等图案，赋予牌楼积极、美好的寓意（图7）。

图5 铜牌楼南立面牌匾上书"求是创新"

三、工程的重点及难点

铜是一种质地坚硬的金属，耐腐蚀，能在各种不同环境中不受损坏。铜在化学活性排序的序位很低，仅高于银、铂、金，因而性能极稳定。铜在大气中还会生成氧化铜膜，防止铜进一步氧化腐蚀。所以当许多同时期的铁制器早已锈迹斑斑，甚而变成氧化物化为灰烬时，铜依然性能良好。铜的寿命远大于木材，也比石材耐风化，经计算青铜材料理论上寿命达千年以上。铜的这种耐腐性，在建筑方面得到了广泛的应用（图8～图17）。

铜还是一种最佳的环保材料，其在环境中的浓度一直处于安全界限之内。铜可以循环使用，不产生垃圾，而再生铜可保持原铜所有的优越性能。

　　铜作为建筑材料其良好的导电性在避雷技术上也独有长处，如武当山铜殿，至今已有500多年历史，虽高耸于峰巅却从没有受过雷击。这座全铜建筑，顶部设计十分精巧。除脊饰之外曲率均不太大，这样的脊饰就起到了避雷针作用。每当雷雨时节，云层与金殿之间存在巨大电势差，通过脊饰放电产生电弧，电弧使空气急剧膨胀，电弧变形如硕大火球。其时雷声惊天动地，闪电激绕如金蛇狂舞，硕大火球在金殿顶部激跃翻滚，蔚为壮观。雷雨过后，金殿经过水与火的洗炼，变得更为金光灿灿。

如此巧妙的避雷措施，令人叹为观止。

　　正由于铜作为建筑材料的独特优势，使人们逐步接受了铜材料价格上的昂贵，而使其逐渐进入建筑市场。

图 8　铜牌楼的斗拱椽子

图 9　铜楹联双龙戏珠纹样

图 10　铜牌楼铸铜柱础蝠纹

图 11　铜牌楼斗拱

图 12　古韵盎然的铜牌楼

图13 铜抱鼓细节

图14 精密铸造工艺的麒麟抱鼓

图15 精密铸造工艺的 　图16 铜牌楼抱鼓
仙鹤抱鼓

图17 匠心营造的铜牌楼

四、新技术、新材料、新工艺的应用

铜牌楼的表面颜色处理是项目的要点。为了营造庄重大气的建筑效果，铜牌楼采用表面多层次预氧化处理工艺，即在预氧化处理过程中全程无触碰浸泡在特定配制溶液中，全方位等时、等量氧化，并严格控制溶液的温度、浓度等以及多层次氧化，以保证材料氧化后的质量和色彩的稳定性。

为使牌坊达到更好的艺术效果和工艺造型，并让铜牌坊使用年限更长久，牌坊的牌匾、雀替、柱子采用铸造工艺完成（图18～图20）。

浙大紫金港校区铜牌楼的建设，展现了铜

图18 铸铜抱鼓

图 19　蚀刻工艺斗拱

图 20　精密锻打工艺精制而成的"岁寒三友"

在仿古文化建筑中的成功应用。随着现代铜建筑的成功实践和不断发展，也给建筑结构学、建筑材料学、建筑美学及文化、艺术、旅游、佛学等各个领域的研究提出了许多新的课题，值得深入的讨论和研究。

会议思维嵌入规划，村寨复兴再添经验
——竹头寨规划实践项目

设计单位：北京清华同衡规划设计研究院有限公司传统村落研究所
工程地点：福建省永泰县白云乡竹头寨
开工时间：2017年11月
竣工时间：2018年12月
本文作者：李君洁　北京清华同衡规划设计研究院有限公司传统村落研究所　所长助理

HISTORIC BUILDING GARDEN

　　竹头寨位于福建省永泰县白云乡，是属于寨里村的一个自然村。竹头寨始建于崇祯十四年（1641年），坐落于盆地中央一个隆起的丘阜之上（图1）。村落的集中建成区只有3.4公顷，四面环田，田外环山。其地势北高南低，三个主要的民居片区即上、中、下寨，自北向

图1　竹头寨原始鸟瞰图 – 叶俊忠（摄）

南沿地势铺开，其整体形状似莲座，因此旧时也称竹头莲花寨。村落内外，植被繁茂。

团队正是在这样的背景之下，受邀承接了竹头寨综合整治提升规划及设计实施任务。

一、工程概况

竹头寨有两个特点：一是小而精的村落格局，二是庄寨及其承载的文化。三寨之中，中寨湾中厝是联排的中小型传统民居群，上、下两寨均为庄寨建筑。上寨是竹头寨的发源地，始建于崇祯时期，在本项目改造前仅保留地基及少量建筑。下寨（明官寨）建于清光绪年间，建筑本体保存较好，是省级文物保护单位，其内部雀替、柱头、横梁、太师壁、门窗格栅等木构件，精雕细琢，刀法繁复，形态多样，造型精美；寨内现有楹联三十二副，是白云黄氏一脉耕读传家的重要体现。

2018 年之前，竹头寨是一个空心化严重的古村落。竹头寨所在的永泰县，传统建筑遗存相当丰富。这里最典型的传统建筑被称为"庄寨"，全县境内保存约 150 座。近年来"永泰庄寨"作为一个传统建筑的类型，得到永泰县的大力宣传和保护。永泰县为此专门组建了"古村落古庄寨保护与开发领导小组办公室"，后来又成立了"古村落古庄寨保护与发展基金会"，为永泰庄寨的保护与发展提供了政府保障和资金支持。

2017 年底，永泰县为扩大永泰庄寨的影响力，同时建设永泰庄寨保护利用的示范性案例，决定于 2018 年底举办"乡村复兴论坛·永泰庄寨峰会"。竹头寨作为一个未被开发的庄寨样本，被选为两个会场村之一。规划设计

二、规划设计总体策略

竹头寨虽小，规划设计与实施的难度却相当高。第一个难题是时间紧。自项目启动至 2018 年 12 月 28 日乡村复兴论坛永泰庄寨峰会的召开，规划、设计、施工的总时长仅一年零一个月。应对这种情况，通常可以靠集中建设重点片区或精品路线的方法来解决。由于竹头寨的占地面积较小，无法形成足够的参观或体验线路，所以必须做全方位、无死角的综合提升。与此同时，在这么小的范围内有两座庄寨，如何进行差异化的保护利用也是该项目面临的另一个难题。

为保证永泰庄寨峰会顺利召开，竹头寨的规划设计与实施模式尝试了一种特殊的"会议思维"，即在拥有一个相对完整的规划思路之后，以会议需要为导向选择设计建设项目，同时在规划中反复验证所选项目与整体规划的契合度，以及未来发展的可行性。

在综合整治提升规划层面，明确了几个大的方向。第一，考虑到竹头寨这样的小型村落，农业生产力和旅游承载力均有限，适合以整体保护为主，适度发展与研究相结合的、品质较高的文化旅游产业。第二，三个片区的保护与利用，应以区域内中心建筑为核心进行差异化的功能配合，并且联动发展。下寨片区仅有一栋省文保的庄寨，以保护为主，辅助低干预的参观体验功能。上寨片区为全村的至高点，视

野开阔，近可俯视全寨，远可眺望三狮山，如以上寨为核心，结合周边分布的少量传统民居，可进行力度较大一些的综合性文化旅游服务项目。而处于过渡区域的中寨，可于近期内做集中景观梳理，远期再根据上、下寨的发展情况做相应的建筑功能定位。第三，竹头寨全面的综合整治提升工程应该从工程难度较低、但效果明显的景观工程入手，且需要兼顾总体景观效果和重点景观节点。第四，为减少二次建设的资源浪费，各项基础设施工程需要与总体景观提升同步进行。

设计工作基本上与规划同步进行。设计团队在规划调研阶段已同时进行了建设项目的选点，分别为建筑工程、景观工程、夜景照明工程和基础设施工程。其中基础设施工程在规划完成后由当地设计团队深化。建设中期又加入了标识系统工程。

三、庄寨的重生

竹头寨有上、下寨两处庄寨，庄寨的保护利用方式及实施效果，成为政府、社会及专业人士等各方面的关注焦点，更现实的意义，是上、下寨能否按时完工直接影响到会议是否如期举行。

作为省级文物的下寨，在本规划设计启动前已由当地设计单位完成了文物修缮方案的编制，并在规划调研同期开始了修缮工程。在峰会期间，完工后的下寨作为参会代表用餐的场所，并在第一进院落的天井内上演了由白云乡历史名人御医力钧生平为题材的舞剧，实现了

规划中对下寨的文物保护与传统文化体验功能的定位。

中寨湾中厝的建设计划因为产权问题，仅完成了基本的建筑维护工作，也为后续的发展留下改造利用的空间。上寨及其附属铳楼的设计改造工程，成为规划设计团队的重点设计与建设工程。

上寨（后更名为卧云庄）也是永泰庄寨峰会第一天会场的所在地。会场功能是该项目明确的设计任务，但会场功能本身不足以支撑体量庞大的庄寨。上寨最终被定位为庄寨文化研究中心，主要原因在于：一是能容纳四五百人开会的大空间的庄寨，已经不可能回归传统的居住功能；二是大体量的庄寨的整体商业运营成本很高，短期内难以市场化，文化功能的运营和维护成本相对较低，更容易有政府支持和策划活动产生；三是结合永泰县庄寨的研究工作及发展阶段，县里需要一个研究中心，有会议空间的上寨很适合开展研究工作；四是作为永泰县第一个在废弃后又获得重生的庄寨，文化功能是很有尊严的定位（图2）。

卧云庄设计有三个功能分区。入口区适合远观三狮山的风景，可用于接待、茶室、临时展览等文化商业功能。中部是会场区。后面部分，用于文化展示与研究。规划方提出了"主体修缮、周边复建、局部改造"的设计策略，即：对保存相对完好的主座进行修缮，尽量保留其原貌；根据现场遗留的台基，按原有布局复建外围建筑；主座前方则整合为开敞空间以满足近期举办大型会议的需求，未来可拆分为数个小型展厅或会议空间使用。

图 2　上寨（卧云庄）改造前后对比 1（前）- 陈曦（摄）　　　上寨（卧云庄）改造前后对比 2（后）- 陈曦（摄）

　　会议期间，卧云庄主体工程完工并投入使用，让参会代表和嘉宾收获了在"庄寨里面开大会"的独特体验（图 3）。

　　铳楼是与庄寨结合的一种防御性附属建筑。随着防御需求的消失，村里的铳楼均废弃了，成了消极空间。上寨的这座铳楼比较特殊，

它与一座木楼相连。铳楼垂直封闭的纵向空间与木楼相对开放的空间，形成一种具有戏剧性的结合。设计师将其定位为铳楼书吧，木楼部分兼具读书和品咖啡的功能，铳楼是更纯粹的藏书楼。实施过程中，对木楼进行了部分的落架重建，而铳楼则被整体保留。在峰会召开之前，永泰县联合新浪微博发起捐书活动，为铳楼书吧宣传预热，征集到的三千本图书在会前全部上架（图 4）。

四、景观整治与设计

　　在传统村落的景观设计中，规划设计团队倾向于用"无意识的景观"营造出村落之美，提倡进行"弱景观设计"，也就是以景观整治

图 3　建成后的峰会会场 - 覃江义（摄）

图 4　铳楼书吧室外改造前后对比 1（前）- 陈曦（摄）　　　铳楼书吧室外改造前后对比 2（后）- 李君洁（摄）

为主，同时根据村落自身特点对部分现有景观资源进行改造设计，并且强调改造和新增的节点要融入村落原生环境。竹头寨项目中首次在"弱景观设计"的基础上进行了一定程度的园林化尝试。

首先是景观整治工程。应对规划阶段的难题——"竹头寨占地较小，峰会前必须全方位无死角的综合提升"，景观整治是非常好的解决方式。竹头寨村内的道路很窄，除上寨北侧新修的水泥路，路宽均小于一米。道路旁、民居间到处是亲切感很强的小尺度空间，很难作为独立的景观节点进行设计。整治设计的具体方法是在整村路面提升的基础上，逐个点位进行简易草图设计，并由设计师现场指导以村民为实施主体的施工队伍，边沟通边实施。这个过程细碎而繁琐，工作量大，但是能实现村落整体风貌的显著提升（图5）。

第二是景观节点与线路。通过现场调研和对庄寨文化的相关研究，设计者发现还原村落原生景观美的方法在竹头寨并不完全适用。庄寨的气质兼具防御性的威严和人文性的儒雅，因此节点设计要考虑突出庄寨的仪式性和序列感。设计师选择了四个景观节点和一条特定的景观线路。

四个景观节点中，有三个跟建筑相结合，分别是上寨前台地、下寨前台地和铳楼庭院。在这三个点上，景观都是建筑的从属。通过相对简洁的景观设计，衬托出建筑的高大，同时提供舒适的景观空间和建筑观赏点。特定线路的设计也类似，为解决下寨（明官寨）正前方的灌溉明渠对农田景观的割裂感，设计师利用这条明渠做了一个木栈道。这条栈道一方面织补了农田的裂痕，另一方面形成了一条很有仪式感的步道。自栈道起点慢慢走近下寨的过程中，庄寨在人的视野中逐渐变得高大，威严感和神圣感也逐渐加强。

中寨区的旱溪花园原是沟通了中寨与下寨的村落死角，堆积了很多陈年垃圾。在规划进行了路网调整之后，这里成为连通全村三个片区的桥梁和村落中心的景观空间。与其他景观节点不同，旱溪花园的设计重在突出庄寨的人文情怀，形成一定程度的园林化景观空间。

旱溪花园分石瀑布区、旱溪区和水景区三个区。石瀑布区是旱溪花园最北部的区，作为旱溪的"水源"区，主景为石瀑布，主要的景观建筑是一座竹亭，名为待雨轩（图6）。旱

图5　环境整治系列前后对比组图1 - 汪甜恬（摄）　　　环境整治系列前后对比组图2 - 李君洁（摄）

图6 石瀑布改造前后对比1（前）-李君洁（摄）　石瀑布改造前后对比2（后）-李君洁（摄）

溪花园所在的带状空间，其实是全村下雨时雨水汇聚再排出村外的最主要通道，因此旱溪区日常以旱溪状态营造精神意向中的水景空间，下雨时解决村落排水需求的同时可呈现出真实的水景效果（图7）。设计对待雨轩的定位是"待到雨打芭蕉，与谁同坐，听溪水潺潺。"

水景区是旱溪花园的终点，以水池、亭、置石相结合形成一组小型园林景观（图8）。因其所在的位置也是中寨区的入口，也在一定程度上表现出水口园林的特征，此处的景观亭被命名为知归亭，代表希望走出竹头寨的村民留恋故土。

图7 旱溪区改造前后对比1（前）-汪甜恬（摄）

旱溪区改造前后对比2（后）-李君洁（摄）

图8 水景区改造后对比1（前）-汪甜恬（摄）

水景区改造后对比2（后）-李君洁（摄）

五、其他工程

竹头寨的照明设计，坚持了本团队在传统村落中的一贯策略：一是要争取达到"看得见光，看不到灯"的效果，尽量减少灯具本身在白天对村落风貌的影响；二是必须看到的灯具，灯具形态要与村落风貌最大限度的融入；三是在满足基本照明需求的前提下，尽可能维持一种静谧感强的夜景暗环境（图9）。

照明的设计范围分三大块，重点建筑、重要景观节点和基础交通照明。对于重点建筑的上、下寨的立面照明，设计只采用了檐下隐藏灯带的方式，提示了建筑的高度却不会使原本很高大的庄寨在夜晚特别突显，同时因为外立面光照不强，室内通过门窗透出的光得到强调，呼应了永泰县的口号——"永泰庄寨，老家的爱"。

景观节点的照明设计方法同样倾向于藏灯。在亭、廊中，座椅下、水边等安装隐藏的灯带，经过景观构筑物结构反射出的光更为柔和，让夜晚静谧却不清冷。因竹头寨村小路窄，基础交通照明设计中以景观照明取代路灯。设计订制了高仿真效果的竹灯，同时，结合石墙、护栏等安装隐藏灯具。

标识系统工程，是在建设中期增加的设计内容。为突出本村的特点，设计采用当地最典型的传统材料——石、竹、木，却同时使用了石雕、木雕、竹刻的工艺，团队也为竹头寨设计了村LOGO，如图10所示。

基础设计工程，由规划后交由当地设计团队深化设计，本规划团队进行了现场配合与协调。因为时间紧，深化与施工团队并没有充分

图9　竹头寨夜景鸟瞰－黄文浩（摄）

图 10　标识牌 - 陈曦（摄）

考虑基础设施建设对景观工程的影响，部分架空线路和入地管线对景观工程有干扰，这是建设阶段美中不足的遗憾。

六、实施经验

竹头寨项目在一年零一个月的时间内完成的设计与实施任务，涉及村落规划、建筑、室内、景观、照明、标识、基础设施等各专业，以及会议事件策划等活动。该项目是规划设计团队多年来在传统村落实践经验上的集中运用与再次提升。其经验粗略总结为以下三个方面：

第一，最大限度的发挥村民力量。乡村是人情社会，在村里做建设更需要得到村民的认可。在项目正式启动之初，规划设计团队通过宣讲会、调研、访谈等方式，让设计师与村民互相认识、传达工作内容、探讨发展方向，建立良好的沟通交流机制。在项目实施过程中驻场设计师得到了很多村民的支持和照顾，并且在景观整治工程中，村民作为实施的主力，使整治工程的效果更具乡土气息，村民也因此收获到一些建设收入以及建设家乡的自豪感。另外，实施过程中有一类特别重要的村民，我们

称为新乡贤，比如竹头寨理事会的几位理事，他们更了解村民的需求，更擅长关系处理，实施过程中的很多困难，比如产权问题都是由他们出面调节解决的，他们还直接承接了部分建设任务。

第二，最大限度地发挥设计师的力量，包括驻场设计、强化沟通、坚持细节打磨等。保障传统村落规划设计的实施效果，并非易事，经常会遇到困难，比如村内交通、地形、地质等因素造成施工难度大，遗产保护性避让或村民的人为障碍，涉及传统工艺与现代工艺结合产生的非标准化建设，以及本身就有一些整治性非标准化设计等。这时，更需要设计团队与实施团队的深度配合，驻场设计与高频率的远程指导相结合，对项目进行全程跟踪，是实施效果的重要保障。

设计师要及时解决技术难题。比如上寨施工期间会场区作了一次重大的结构调整。为了获得大跨度的会场空间，原设计采用钢结构以保证会场区内没有立柱（在遗产领域使用钢结构也是一种较常见的做法），但开工后发现当地的钢结构技术成熟度不高，而且上寨位置高，钢结构材料运输难度大，工期紧。由县领导召集当地工匠研究，经设计团队探讨认可后改用大跨度的木结构代替。实际上后期还是加了柱子，但因为木结构是传统做法，会场的整体效果也很好。

设计师要用回归工匠精神的驻场设计进行景观营造。竹头寨的村景观整治主要是在驻场设计师的现场指导下进行的。同时，部分景观节点因为村落地形的复杂性难以用施工图精确

表达，也需要将现场设计与施工同步进行。如旱溪花园的施工过程中，石瀑布工程请到了传统假山师傅，由设计师提供意向图和手绘示意图，亲自去石材市场挑选石材，与假山师傅现场研究工艺，并现场指导摆放调整完成；旱溪的铺设也是由设计师现场示范各形态"溪流"的标准段，再逐步实施。

设计师还要坚持设计细节的打磨。对于一些非标准化的定制性的产品，比如竹头寨的竹灯、标识系统，均由设计师与制作方多次打样反复调整完成。尤其是同时使用了石雕、木雕、竹刻的工艺的标识系统，对材料、做法、效果进行了多次实验，最后的成品才比较令人满意。

设计师还得灵活应对突发变动。当多专业同时进行建设时，可能会出现各种交叉影响的问题。如旱溪花园最初设计并没有水景区，水景区原址是一个植被较好的陡坡，后因村内砌筑石挡墙位置错误填出了一大块空地。设计师经过多方协商，确认石挡墙不可拆除后，现场设计进行景观化处理，并直接向县委分管领导申请对应的建设经费。同时，原设计的3号亭原址因村民不同意使用，也被设计师修改方案并改建至水景区，于是有了后来的知归亭。

第三，充分发挥政府与"大事件"的推动力量。村镇能调动的资源是有限的，竹头寨之所以能在一年的时间里完成了大量设计与实施工程，主要借助了两个重要的推动力量：一是以村保办为代表的永泰县政府。因为有了县级分管领导亲自主持工作，同时有专管办公室负责组织调协，可以在短时间内调动人员、得到经费及各种支持。二是"乡村复兴论坛"这类大事件的推动。因为有明确时间节点，并且有数百名参会代表现场"验收"的压力，各项具体建设项目的选择在最初就要同时考虑到近期会议需要及未来发展需求，并以会议时间为节点进行各项设计与建设工程的倒排工期，迫使所有相关团队密切合作，尽可能高效且高质量的完成设计与实施任务，避免无谓的拖沓与程序上的浪费。

七、结语

竹头寨规划实践项目是在会议事件影响下，永泰县庄寨保护利用的一次探索，也是短工期、多专业、高密度、高效规划实践的尝试，为本规划设计团队积累了很好的落地实践经验。该项目更重要的意义，是通过一次集中建设让永泰县古庄寨、古村落保护事业看到了新的希望。

克难题水塘变鱼塘，新手段美化新乡村
——正桂美丽乡村建设项目设计施工总承包项目

设计单位：赣州市天成市政规划设计有限公司
施工单位：天堂鸟建设集团有限公司
工程地点：赣州市龙南县里仁镇正桂村
开工时间：2017 年 4 月 28 日
竣工时间：2017 年 12 月 28 日
建设规模：60763m²
本文作者：梅江松　天堂鸟建设集团有限公司　高级工程师，项目经理
　　　　　邓城民　天堂鸟建设集团有限公司
　　　　　李　骏　天堂鸟建设集团有限公司

正桂村位于江西省赣州市龙南县里仁镇，是一座有着 500 多年历史文化的客家古村。古村落依山傍水、古朴清幽，先后被评为"赣州市生态秀美乡村""江西十大醉美乡村之锦绣村"（图 1）。

一、工程概况

正桂美丽乡村建设项目设计施工总承包项目总面积 6 万余 m²，园林绿化面积 3.3 万㎡，总投资 5600 余万元。本工程 2017 年 4 月 28 日开工，2017 年 12 月 28 日竣工。其主要建设内容有：立面改造工程、景观生态文明建设项目、历史文物重修项目、旅游服务设施建设项目、旅游景观提升改造项目、道路建设及改造项目等（图 2 ～图 5）。

二、工程理念

正桂村以古朴自然的生态环境闻名，主要景致包含：摇曳的千亩

图 1　水天一色

图2 正桂美丽乡村建设项目鸟瞰

图3 春光明艳

图4 绿意常在

图5 傍晚时分的休闲长廊

项目克服污水处理难度大、特大古树保护任务重、施工工期短等困难，采用多项专利技术及"四新"应用，优美的环境展现出乡味十足、韵味深远（图6～图8）。

图6 美丽乡村水态景致

图7 静谧的池塘

图8 绿树人家

桂花树、500多年的围屋鸳鸯厅、郁郁葱葱百年古榕树、清波荡漾的池塘、群山环绕的现代村落。正桂美丽乡村建设项目设计施工总承包

三、工程的重点及难点

农村生活污水处理是本工程的重点，也是技术难点。村口有三口五亩多水面的水塘，改造前，淤泥堆积，水质污染严重。遵循经济、高效、节能和简便易行的原则，对全村原入塘中的污水进行处理，采用地埋式一体化污水处理设备对污水进行处理，污水经处理后排入塘内再利用。同时在塘内铺设30cm鹅卵石、种植水生态植物等技术措施，实现污水的无害化和资源化，从而有效避免污水横流的恶劣现象。经过改造处理后，鱼塘水质得到改善，鱼虾成群，与岸边水草相映成趣（图9～图10）。

古树复壮是本工程的亮点，古老树木是"绿色文物"，更是城乡的特殊景观和"乡愁"记忆。伫立在村口有一株二百多年树龄的老榕树，高约15m、冠幅约25m、直径约2.5m，常年因人为踩踏、通气不良、排水不畅，致长势不良。首先对榕树进行灌水、松土、施肥，其次开设盲沟排除积水，同时对树洞和破损树皮进行防腐化处理，并在古树根系范围内埋设6根通气管，便于浇水、施肥及灌药，以改善土壤透气性以及肥水条件，经复壮后大榕树枝繁叶茂、生机勃勃、充满活力，吸引着众多游客慕名而来，化解了思家游子浓浓的乡愁（图11～图13）。

图9　柳岸灯虹下的池塘

图11　郁郁葱葱的老榕树

图10　水与岸和谐相融于一体

图12　榕树与池塘相辉映

2019中国园林古建筑精品工程项目集

图 13　依山傍水下的大榕树

四、新技术、新材料、新工艺的应用

1. 引进天鹅绒矮紫薇品种

园林景观以乔、灌、草、花相结合的模式，立足于自然，打造绿化、美化、彩化、香化的森林村庄。本项目引进了美国天鹅绒矮紫薇品种，天鹅绒紫薇根系发达，生长速度快，叶片质地厚实，新叶嫩红，老叶墨绿，枝条完全木质化，可耐低温。圆锥型花序，长可达 50cm，花密看不见叶子。树型直立性强，不下垂。花期长达 5 个月左右，盛花期可达 60 ～ 100 天。花色为玫红，盛花时如绸缎般艳丽，有清新芳香（图 14）。

图 14　生机勃勃的矮紫薇

2. 采用透水混凝土铺装

近年来，海绵城市建设越来越受到重视，结合建设美丽乡村项目的环保理念，采用了透水混凝土。它是一种观念创新的新型材料，无机透水混凝土是用粗骨料表面包裹着一层薄浆料，相互粘结成蜂窝状，能让雨水流入地下，有效地消除地面上的油类化合物等对环境污染的危害。其特点有：高透水性；高承载力；良好的装饰效果；易维护性；抗冻融性；耐用性；高散热性（图 15 ～图 19）。

3. 新能源绿化机械的使用

项目建成后在园林绿化养护机械的选择上，使用了电动园林机械，目前国内园林养护

图 15　干净透亮的乡村道路

图 16　静谧和谐的乡间小道

图 17　羊肠乡间小道　图 18　庭院深深　　　　　　图 19　曲径通幽处

常用的汽油机油混合动力工具，油耗大，工作时噪声大，给工人身体带来损伤，同时排放的二氧化碳、一氧化碳，污染空气，维修费用高昂。而新能源工具充电时间短、成本低、质量较轻、工效高，随着工作时间长不会增加表面温度，无任何污染，工作时的噪声强度小，对人体无伤害，是真正的绿色环保机具（图 20）。

图 20　工人采用电动绿篱机修剪园林

五、结语

新材料、新品种、新设备的应用使得正桂美丽乡村建设项目与众不同，工程项目的圆满竣工，让古老的村落焕发出更加绚丽的色彩。古村水塘清波荡漾，与古老围屋、柳岸花红交相辉映，漫步村中让人倍感轻松惬意，吸引着众多游客慕名而来。2019 年 1 月，正桂美丽乡村建设项目设计施工总承包项目被江西省园林协会评为"2018 年度江西省园林绿化优良工程金奖"。

重规划老村获新生，齐参与粮仓变金库

——西河村规划实践项目

设计单位：北京清华同衡规划设计研究院有限公司传统村落研究所

工程地点：河南省信阳市新县西河村大湾自然村

本文作者：罗德胤　清华大学建筑学院　副教授

李君洁　北京清华同衡规划设计研究院有限公司传统村落研究所　所长助理

HISTORIC BUILDING GARDEN

西河村大湾自然村（以下简称"西河村"）位于河南省信阳市新县，地处大别山腹地。新县为我国知名的将军县，是许世友将军故里，有良好的红色旅游基础，而其丰富的山水田园资源和传统村落文化也一直未得到很好的挖掘与保护。

一、工程概况

2013 年 8 月，新县启动了"英雄梦·新县梦"的大型公益规划设计活动，吸引了一批来自全国各地，涵盖规划、建筑、景观、室内、生态等多学科的专家团队前来开展公益服务。本规划团队受邀为西河村做规划设计，承接了从村庄规划、景观规划、专项设计、工程指导到运营策划等整套村落建设服务工作。项目规划建设的周期大约为两年，目前已进入正常运营阶段。

西河村距新县县城有半小时车程，是县域范围内格局保留较完整、山水环境也比较优美的村落之一，于 2013 年入选第二批中国传统村落。不过，西河村的区位优势并不明显，它离最近的大中城市（信阳市和武汉市）有 2 ～ 3 个小时的车程。西河村的规模也不大，只有七八十户人家，村内传统建筑的数量不算多，质量也不高。在项目开展之初，西河村外出打工的人比较多，已经是一个空心化程度比较高的村落。像西河村这样的传统村落，在全国范围之内是相当普遍的。如果能为她的保护发展找到一条适宜之路，也应该具有一定的普遍意义。

西河村以一条小河为界，分为南北两个片区。北区是老村所在地，建筑风格统一，同时体现了背山面水的选址特征。集中连片的传统建筑，北靠狮子山，南面小河与绣球山。建筑与河道之间，有一条宽 3 ～ 5m 不等的老街串联起整个北区。与北区隔河相望的南区，原先只有农田，后来逐渐有了不同时代的建筑，风格较为杂乱。在村域范围内，还分布有三座祠堂（图1）、一处齐天大圣庙和一处观音庙，但是建筑质量都不高。

图1　西河村张氏焕公祠　罗德胤（摄）

二、规划原则与思路

西河村规划的指导原则：一是技术上要遵循遗产保护的原则，要守住底线（主要是指遗产的真实性）；二是优先选择一些利于带动联动效应并具备可持续性的设计项目，以实现项目的可持续性。

在规划编制过程中，有七个领域要统筹兼顾：研究策划、规划设计、落地实施、环境卫生、营销推广、农业与手工产品、集体经济。这七个领域并不需要一个团队全掌握，而是由不同专业的团队关联互动、合作推进。集体经济的机制要事先设计好，否则等市场利益起作用后，贫富差距分化所产生的矛盾有可能会特别突出。

规划实施的过程中，有三个角色非常重要：

一是县政府要重视，因为只有县级层面才能调动足够的资金和人力资源。二是村两委、村合作社的带头作用。缺少村民的配合，规划实施起来会很困难。三是"设计长"的角色很关键，就是要有一名领头的规划设计专家，可以协调统一各方意见，并且在技术上决定哪些项目适合推进。

通过调研和分析，规划团队总结了西河村的几大特征，希望在此基础上寻找出她的发展路径。西河村有一个特别好的资源，就是穿村而过的河道景观。河水清澈，河边有九棵树龄三百年的枫杨。规划团队对河道景观的现状评估是 60 ～ 70 分，同时认为通过景观设计进一步优化，将可以达到 90 分，这样就有可能会成为一个具有吸引力的古村。西河有成规模的民居，这也是很好的资源，但是处理传统民居要非常谨慎，它也是规划实施中成本较高的环节。

西河村的规划建设尝试了一种独特的模式：地方力量和设计力量的全程深度合作。

首先，该项目有完整的地方力量支持：县长亲自任西河村荣誉村长，全程督导规划建设；新县人民政府特设文化改革办公室，统筹包括西河村在内的"英雄梦·新县梦"总体项目推进；乡、村两级干部全时待命，服务设计团队、沟通村民关系；村内成立西河村民合作社，表达村民意愿，参与工程建设，并承担农田、山林为主的农林产业发展规划及农业景观营造。

在设计力量方面，有由孙君带领的北京绿十字配合新县文化改革办公室，统筹县域总体项目。本规划团队主持西河村整村建设项目，承担传统村落保护发展规划、景观设计及部分建筑改造设计的专项设计任务，同时还引入更多优秀的建筑设计师、室内设计师、照明设计师等专家资源。建筑师负责试点、重点建筑的改造，以及北岸沿街立面整治。景观设计师承担河道景观和街道景观的规划设计，并配合其他专业领域进行景观改造。

这样的合作模式确保了地方力量与设计力量的及时沟通与交流，打破了景观在规划之后才介入的被动局面。

三、景观规划与设计

乡村景观是以大地为背景，以乡村聚落为核心，由经济景观、文化景观和自然景观构成的环境综合体。乡土景观又可以说是根据土地的自然条件、生产和生活成为一体的"农业生产景观"和"农业生活景观"的复合景观。

传统村落景观的构成要素，包括山林、水体、农田、建筑、道路、场所、生产生活要素等。山林包括村落周边的山林、村落风水林、房前屋后林、道路或河流沿线的林木、杂木等；水体主要指自然河流、溪涧、水渠、池塘、水井等；农田以及与农田直接相关的要素，如水田、旱地、菜地、田埂、篱笆等；建筑包括民居、祠堂、社、庙等传统建筑等；道路指巷道、田间小道、林间小径、跨河小桥、河上汀步等；场所则指村头或村中集会地、晒晒场、洗衣场所、河滩地、荒地等；生产生活要素根据各村的情况会有所差异，但较常见的一般有水车、水碓等水利农用具，石碾、石磨等家常农用具，

晾晒用的台或架，房屋周边简易的瓜果架，房前闲坐的石凳等。

这些要素都有较强烈的地域性特征，能够体现所在村落的自然美和人文美，并且传达出乡土气息浓郁的亲和感和安逸感。与此同时，这些村落景观中的"景观"，并非设计师或村民刻意设计营造，它们只是一种乡村的生产生活环境，是村民们为满足自身生存需要，在选择自然、改造自然的过程中逐渐形成的。因此，引入常见却本不属于传统村落的景观元素是不适宜的，有意去打造明显的景观节点的做法也是行不通的。

孙君先生提出"把农村建设得更像农村"的乡建理念，景观设计师受这一理念启发，尝试在景观建设中打破常规，通过再现和强化"无意识的景观"所营造出来的村落美，"把乡村景观建设得更像乡村景观"。由此，西河村景观设计的定位是挖掘并还原传统村落自身的景观特色，弱化景观设计师的主观意志，从农村生产生活的视角去发现可供景观使用的空间与元素，以最小的人为设计，引导人们发现并享受传统村落的景观美。

从景观特征的角度，西河村河道景观大致可分三个区段：乡野粗朴的上游段，沟通南北两片区的中游段，村东急转为南北向的下游段。这三段的风格特征可分别概括为野趣、活力和宁静。

上游段，基本保持了河道的原始状态，两岸均是农田和远山，远景视野开阔，河道内乱石和水生植物的自由组合显得野趣十足。规划设计放弃了对河道本身的改造，保持其自然粗

野状态，仅对堰坝进行加固处理，同时将建设重点放在滨河小径的建设上（图2）。南岸分布有大面积的农田，考虑到村民去往田间耕作的便捷性，对原堤堰路略为加宽（图3）。北岸小径，完全延续了原有的路宽，保持其乡土气息。两条小径可引导人们在水边漫步，再由水边走向田间，或者拾级而上登山入林（图4）。

图4　改造后的西河南岸　李君洁（摄）

中游段，是亲水活力区。这里古树繁茂，夏季绿柳成荫，河道内有早年形成的跨河汀步和杂草中隐约可见的沿河小道，结合曲折变化的河滩天然形成了休闲纳凉的亲水空间，是河道景观中重点打造的区域。设计目标是重塑人与河的互动关系，使之成为西河最重要的活力空间。设计中具体做了以下几个方面的处理：清理视觉障碍，修复优美河岸线，整饬两处亲水空间，恢复桥北头走向河滩的滨水小径（图5）。

图2　原生态景观区北岸滨水步道　罗德胤（摄）

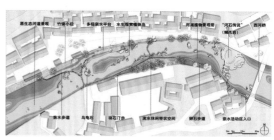

图5　亲水活力区规划设计平面图　李君洁（绘制）

下游段，是静水景观区。该河段由东西向急转为南北向，河水冲刷堤岸形成一片宽阔的河湾。河湾处因拦水坝的截流，呈现出与中段截然不同的静水水域，河道内水生植物丰富，

图3　改造后的西河北岸　章继军（摄）

两岸却植被稀少，可临河欣赏河湾、远眺对岸稻田。

售卖。这个项目在 2014 年底获得了 WA 中国建筑奖。

四、粮库改造

河南岸有一组"文革"时期的粮仓建筑，已闲置多年。对这组建筑，规划团队最初是觉得有难度的，因为它们的体量比较大，跟传统民居小体量的风貌不协调。一同来调研的何崴老师提了一个设想：如果把它们改造利用好，把北墙打开，可能会产生很有张力的时代对话——河南岸是"文革"时期的建筑，河北岸是清朝时期的建筑。何崴老师后来就承担了这组建筑的改造设计任务，将这里变成了西河粮油博物馆及村民活动中心。

改造后的粮仓，不但实现了两个时代的"对话"，也形成了建筑与景观之间的互动（图6）。

对改造后的粮油博物馆，设计团队也在展陈上设法加入了农耕元素，比如建议合作社收购并修复了一部榨油车，并恢复了全手工榨油的工艺。老榨油工人用老油车榨出的油，可以作为小纪念品被游客带走，同时还能在网店上

五、实施步骤

第一步是改善村庄卫生环境，并组织成立村民合作社。规划团队邀请了一位全国知名的志愿者——叶榄先生，来向村民介绍垃圾分类的相关知识。在祠堂里讲完课，他和村干部们一起在村里捡垃圾。捡垃圾的动作不大，花费也几近于无，但是意义很重大，它向村民传递出共建家园的信号，而不是由政府包办。当垃圾都被清理干净时，村庄所呈现出来的面貌也是让人耳目一新的，这会激发起村民、村干部和乡镇领导的信心。

第二步是改善河道景观。景观设计师去到现场，跟合作社村民一起放线，共同完成驳岸工程。景观工程完成后，河道更加漂亮了，人与水的关系也更加亲近了，这里成了夏季村民和游客们最喜欢的地方。设计师在岸边还有意地放了几块大石头，它们就是供人坐卧的桌椅（之所以没放常见的石桌石凳，是为了区别于

图6　粮仓北立面改造前后对比1（前）　范秉乾（摄）　　　粮仓北立面改造前后对比2（后）　陈龙（摄）

城市）（图7）。

图7 西河南岸坐在石凳上休息的母女 李君洁（摄）

在河道景观开工之前，还出现过一个小插曲——拆除祠堂前的一栋小洋楼。尽量少拆迁是规划团队的工作原则，这是为了避免产生矛盾。但是祠堂前面的这栋小洋房，不仅风貌极不谐调，还刚好挡住整个老街景观。孙君老师跟村委会、合作社经过研究和讨论，认为这栋房子挡住了祠堂的风水（事实也确实如此，祠堂前面要"明堂开阔"，既是礼制需要，也是"好风水"的象征），不利于全村未来的发

展。凭借这个理由，这栋房子被顺利地拆除了。老街全部显露出来，村落的整体景观大大提升（图8）。

第三步是粮仓改造。设计团队和规划团队原本的计划是先对几栋小体量的传统民居进行内部改造，以实现舒适的居住条件。但是这一步实施起来比较困难，因为每个院子里有好几户人家，很难统一意见。反而体量较大的粮仓，成为优先启动改造的项目。设计团队将晒谷场改造成了村民集会场地，在博物馆完工的时候请来戏班子唱戏。全村的老人小孩同时出动，这让平日里显得空心化严重的村庄，一下子就热闹起来。

第四步是改造传统民居。首先对其进行修缮，并选了其中的一两户改造成可以居住的民房。但是，即使是修缮改造好的民居，村民还是不愿意住——在他们眼里，还是新的楼房"宽敞舒服"。规划团队调整了策略，把一个老院子改成了青年客栈。这些改造利用方式都还比较初级简单，需要进一步探索。

第五步是给排水工程。给排水是成本较高

图8 从西河桥头看祠堂整治前后对比1（前）
李君洁（摄）

从西河桥头看祠堂整治前后对比2（后） 孙娜（摄）

2019 中国园林古建筑精品工程项目集

的一项工程，对村子的后续发展意义重大，县里给予了大力支持。从现代化的硬件上说，乡村和城市的最大差距就是基础设施。村民打工挣钱之后，可以为自家建起一栋让城里人都羡慕的小洋楼，但是对于公共的基础设施，各家村民是无能为力的。县政府为一个只有几百人的小村子，投入不菲资金去完成给排水系统，要下相当大的决心，也需要足够的远见。

传统村落里的给排水工程，在技术上的一大难题是如何保持和恢复原有的传统路面。西河村老街上的传统路面是由较大块的平整河卵石干铺而成，改造前已损毁严重，部分路面有泥土裸露。为了保持路面的传统风貌，同时又实现路面的硬化，设计师和老工匠一起研究并反复试验，将大部分老石材和少量补充的新石材混合使用，在使用了现代铺设方法的前提下仍然保持干铺的视觉效果。在样本区块试验成功之后再铺整条街（图9、图10）。

第六步是利用粮油博物馆的一间小屋子，开了一个咖啡馆，还从城里请来一位专业人士赵亮先生做运营。咖啡馆是在 2015 年 8 月 22

图9　老街路面样本区铺设实验现场　李君洁（摄）

图 10　老街上的主题邮局外观　李君洁（摄）

日开业的，县长亲自来做代言人。经过一个多月的口碑传播，到十一黄金周，西河村的游客量跟上一年同期相比多了十倍以上。这表明，周围市民已经开始喜欢上西河村了。县、乡、村三级干部和村民都因此有了更强的信心。2015 年 9 月，河南卫视还专门把一期《对话中原》的节目搬到西河村录制，进一步提高了社会对西河村的关注度。

第七步，规划团队与县政府以及相关合作方共同策划了一次"村里开大会"的事件。第一届中国乡村复兴论坛于 2016 年 4 月在河南新县西河村召开。这次论坛有 600 多人参加，会场就设在老粮库里。村里办大会要面临很多困难，但是主办方认为它能给参会者带来一种非常特殊的体验，所以下决心克服所有困难实现这个目标。在会议组织上，主办方充分发挥了互联网的优势，让所有参会者在学习全国各地保护发展经验的同时，也成为西河村的"义务宣传员"。所有村民都成为会议的工作人员和志愿者，他们以极大的热情参与到会议筹备和服务之中。这次论坛对西河村的发展，起到了加速器的作用。

六、合作社与运营

西河村的村民合作社在项目建设过程中发挥了大作用。建设初期，村民合作社一方面开展村域范围内的卫生整治工作，另一方面以土地入股的方式，将大面积山林与农田收归集体，并尝试发展观光农业及多种农林产业。2014年春季，合作社在西河村的风水山——绣球山上普遍种植了杜鹃花，而后在进村路旁的大面积农田中广泛种植了观赏向日葵。2015年，又尝试将油菜花与水稻套种，形成新的田园景观。

村落景观的营造，有一项很重要的工作是做减法，也就是把不和谐的、丑陋的"景物"去掉，让美景显露。这项工作，是在村民合作社的协助下才得以实现的。在西河村建设的中期，村民合作社直接承担了观赏步道、河道、街巷景观修复及建筑改造等多项工程的施工，充分发挥了村民作为建设主体的作用。

在西河村的旅游业起步之后，村里的农家乐逐渐多了起来，截至2018年年底已经有20余家。西河村也陆续出现了返乡创业的新老村民。

截至2018年年底，西河大湾村已经实现全部脱贫，村民人均年收入从2013年的8100元增加到了21000元。

七、结语

规划设计人员的责任，是要挖掘和放大规划对象本身的特点和优点。在实践环节，西河村选择的路径是先景观、后建筑，以避免可能产生的矛盾，并在此过程中逐渐引导村民树立起遗产保护的观念。村落的集体空间，对集体凝聚力的恢复有重要作用。亮点工程和事件策划也很重要，在互联网时代会被放大。

近年来西河村得到了一系列的荣誉，比如被评为中国传统村落、全国生态文化村、全国旅游示范村、河南省最美乡村、河南省美丽乡村建设试点等。